Martin Schrempf

Datenschutz bei TEMEX

Martin Schrempf

Datenschutz bei TEMEX

Risiken von Fernwirkdiensten und Möglichkeiten einer datenschutzgerechten Technikgestaltung

CIP-Titelaufnahme der Deutschen Bibliothek

Schrempf, Martin:
Datenschutz bei TEMEX: Risiken von Fernwirkdiensten und Möglichkeiten einer datenschutzgerechten Technikgestaltung / Martin Schrempf. –
Braunschweig; Wiesbaden: Vieweg, 1990
    (DuD-Fachbeiträge; 11)

ISBN 978-3-528-05123-5   ISBN 978-3-322-85479-7 (eBook)
DOI 10.1007/978-3-322-85479-7

NE: GT

Der Verlag Vieweg ist ein Unternehmen der Verlagsgruppe Bertelsmann International.

Alle Rechte vorbehalten
© Friedr. Vieweg & Sohn Verlagsgesellschaft mbH, Braunschweig 1990
Softcover reprint of the hardcover 1st edition 1990

Vorwort

Fernwirk- und Fernmeßdienste, wie TEMEX, finden nicht nur industrielle Anwendungen, sondern werden auch in großem Umfang in normalen Haushalten Eingang finden. Aufgabe des Datenschutzes ist es, den damit verbundenen Gefahren für das Persönlichkeitsrecht entgegenzuwirken.

Dieses Buch will einerseits die Risiken von TEMEX anschaulich machen, andererseits aber auch technische und rechtliche Möglichkeiten aufweisen, wie diesen Risiken begegnet werden kann. Technik braucht aktive Gestaltung durch Recht und Politik, um akzeptiert zu werden. Für eine solche Gestaltung, die dem Anliegen des Datenschutzes Rechnung trägt, besteht ein weiter Spielraum.

Zentrales Anliegen ist daher, diesen Spielraum an Gestaltungsmöglichkeiten, der vielfach nicht ausreichend gesehen wird, zu verdeutlichen. Die vorgestellten Modelle sind dabei lediglich als Beispiele zu betrachten. Es geht dabei weniger um die Präsentation fertiger Lösungen als vielmehr darum, einen Einstieg in die notwendige Diskussion über die zukünftige Entwicklung von Fernwirk- und Fernmeßdiensten zu ermöglichen.

Wenn die Chancen zu einer datenschutzgerechten Gestaltung der Technik wahrgenommen werden sollen, müssen Techniker und Juristen noch enger ins Gespräch kommen. Dieses Buch richtet sich daher in erster Linie an diese beiden Gruppen. Dabei ist es zwangsläufig notwendig, auch komplizierte technische und juristische Sachverhalte so darzustellen, daß sie auch für Nichtfachleute verständlich bleiben. Experten auf jedem der beiden Gebiete, die im Datenschutz untrennbar zusammengehören, mögen daher manche Vereinfachung, den Verzicht auf viele Details und die Ausführlichkeit einiger Darstellungen entschuldigen. Zu hoffen ist, daß dieses Buch auch solche Leser erreicht, die sich allgemein für Fragen des Datenschutzes interessieren. Denn die hier behandelten Gesichtspunkte lassen sich auf viele Formen moderner Telekommunikation anwenden.

Dieses Buch wäre nicht zustande gekommen ohne die umfassende Unterstützung von *Hans-Jörg Albrecht* vom Max-Planck-Institut für ausländisches und internationales Strafrecht in Freiburg, der mich in den zahlreichen juristischen Fragen eingehend beraten hat und dem ich wichtige Anregungen verdanke. Ihm gilt daher mein besonderer Dank.

Danken möchte ich auch *Peter Zoche* und *Dietmar Saage* vom Fraunhofer-Institut für Systemtechnik und Innovationsforschung in Karlsruhe, die ihre Erfahrungen aus dem Betriebsversuch mit TEMEX einbrachten, sowie allen Freunden und Kollegen, die mich durch Anregungen und Kritik unterstützt haben.

Inhalt

1

Einleitung

TEMEX[1] ist ein Dienst der Deutschen Bundespost, der das Fernmessen und Fernsteuern von Geräten aller Art ermöglichen soll. Im Unterschied zu anderen Formen der Datenfernübertragung[2], wird bei TEMEX das normale Telefonnetz benutzt, ohne daß dies zu einer Beeinträchtigung des Telefondienstes führt. Aufgrund der großen Verbreitung des Telefons erscheint ein breiter Einsatz auch in privaten Haushalten möglich. Begünstigt wird dies ferner durch vergleichsweise niedrige Gebühren.

Ziel des vorliegenden Buches ist, die möglichen Risiken von TEMEX für die Privatsphäre des einzelnen zu untersuchen, die derzeitige Rechtslage in diesem Zusammenhang darzustellen und Vorschläge zur weiteren Begrenzung dieser Risiken zu machen. Da TEMEX noch ein recht junger Dienst der Deutschen Bundespost ist, können viele mögliche Anwendungen erst spekulativ erfaßt werden. Auch hinsichtlich der technischen Spezifikationen sind Änderungen möglich und zu erwarten. So ist davon auszugehen, daß die jetzt durch TEMEX erbrachte Funktion mittel- bis langfristig Teil von ISDN[3] werden wird.

Kapitel 2 beschreibt die technischen Eigenschaften von TEMEX und die Art der betroffenen Rechts-

---

[1]   steht für **TEle-Metry-EXchange**
[2]   z.B. DATEX-P, DATEX-L oder Modemverbindungen
[3]   Integrated Services Digital Network

verhältnisse, soweit dies für Fragen des Datenschutzes von Bedeutung ist. Dabei wird deutlich,
daß zwischen TEMEX als Netzdienstleistung der
Post einerseits und den eigentlichen TEMEX-Anwendungen andererseits unterschieden werden muß. Im
Netzbereich bestehen grundsätzlich alle Sicherheitsprobleme (Zuverlässigkeit, Abhörsicherheit
etc.), die bei jeder Art von Datenkommunikation
auftreten. Die eigentliche Datenschutz-Proble-
matik liegt jedoch überwiegend im Bereich der
TEMEX-Anwendungen.

Die Datenschutzproblematik wird in Kapitel 3 anhand einiger Anwendungen, die bereits erprobt
wurden oder zumindest realistisch erscheinen,
dargestellt. Technisch ermöglicht TEMEX eine
offene oder verdeckte Beobachtung des Verhaltens
im privaten Bereich, die weit über frühere
Möglichkeiten hinausgeht und Orwell's Vision von
einer vollständigen Überwachung jedes einzelnen
Wirklichkeit werden lassen könnte. Daneben ist in
manchen Fällen von Bedeutung, daß bereits das
Wissen um eine bestehende TEMEX-Anwendung weitreichende Schlüsse auf persönliche Verhältnisse
zuläßt. Im Bereich der Fernsteuerung bestehen zusätzliche Risiken. Dies gilt insbesondere für
denkbare medizinische Anwendungen, mit denen es
möglich werden kann, ferngesteuert Einfluß auf
den Körper des Patienten auszuüben.

Kapitel 4 untersucht den vorhandenen rechtlichen
Rahmen, der durch die Verfassung und die Gesetze
vorgegeben ist, wobei neuere TEMEX-spezifische
Regelungen zunächst noch nicht einbezogen werden.
TEMEX unterliegt dem Fernmeldegeheimnis, das in
diesem Fall nicht eingeschränkt ist. Die datenschutzrechtliche Problematik hinsichtlich der Anwendungen ist damit aber noch nicht gelöst, da
beispielsweise die kritisch zu betrachtende Möglichkeit, die über TEMEX erfaßten Daten für die
"Rasterfahndung" zu verwenden, dadurch nicht ausgeschlossen wird. Aus der Verfassung ergibt sich
für den Gesetzgeber die Verpflichtung, auf das
neue Gefahrenpotenial von TEMEX zu reagieren und

möglichen Grundrechtseingriffen entgegenzuwirken.
Im staatlichen Bereich ist daher jede TEMEX-
Anwendung, die in das Persönlichkeitsrecht eingreift und das Recht auf informationelle Selbstbestimmung beschränkt, gesetzlich klar zu regeln.
Eine bloße Ermächtigung der Exekutive, wie sie
beispielsweise das Bundesimmissionsschutzgesetz
enthält, kann diesen Anforderungen nicht genügen.
Aber auch für TEMEX-Anwendungen im privaten
Bereich sind gesetzliche Regelungen notwendig,
soweit zu befürchten ist, daß die Menschenwürde
verletzt oder unzulässig in die geschützte
Privatsphäre eingegriffen wird. Deshalb wird
vorgeschlagen, TEMEX in umfassender Weise in den
Geltungsbereich der Datenschutzgesetze einzubeziehen, was gegenwärtig nur begrenzt der Fall
ist, und auch strafrechtlich den Schutz der häuslichen Privatsphäre zu verbessern. Angeregt wird
ferner die Einführung einer Gefährdungshaftung.

In Kapitel 5 werden die spezifischen Regelungsansätze, die in einigen Ländergesetzen im Hinblick
auf TEMEX enthalten sind, dargestellt und kritisch betrachtet. Kernpunkte dieser Regelungen
sind die Einwilligung des Betroffenen, das Verbot
der Benachteiligung, falls der Betroffene nicht
einwilligt, und die Gewährleistung von Kontroll-
möglichkeiten für den Betroffenen. So einleuch-
tend diese Ansätze auf den ersten Blick sind,
stoßen sie doch auf ernsthafte Einwände hinsichtlich ihrer Praktikabilität und Wirksamkeit, weshalb auch andere Lösungsmöglichkeiten näher
untersucht werden müssen.

In Kapitel 6 wird daher der Versuch unternommen,
einen alternativen Lösungsansatz für den Bereich
der Verbrauchsdatenerfassung über TEMEX zu entwickeln, der die heutigen Möglichkeiten der Technik dazu benutzt, einerseits die von den Versorgungsunternehmen gewünschte häufige Ablesung von
Zählerständen zu ermöglichen, ohne daß hierdurch
eine personenbezogene Verhaltensbeobachtung des
einzelnen erfolgt. Solche anwendungsspezifischen

Lösungen, die auch für andere Bereiche möglich sind, haben gegenüber universellen Regelungen den Vorteil, die Interessen der Betroffenen hinsichtlich der konkreten Risiken besser zu wahren, ohne die technische Entwicklung in anderen Bereich zu behindern.

Daher wird in Kapitel 7 vorgeschlagen, soweit wie möglich konkrete anwendungsbezogene Standards für einzelne TEMEX-Anwendungen zu entwickeln, die den jeweiligen Datenschutz- und Sicherheitsanforderungen gerecht werden. Aufgabe des Gesetzgebers ist, festzulegen, in welchen Bereichen solche Standards verbindlich einzuhalten sind, und Zielvorgaben für diese Standards zu beschließen. Die Festlegung der Standards, die laufend überprüft und an die neue technische Entwicklung angepaßt werden müssen, kann durch private Institutionen erfolgen, die eine demokratische Zusammensetzung aufweisen und in denen insbesondere auch die Seite des Datenschutzes vertreten sein muß. Die Einhaltung der Standards kann durch technische Sachverständige geprüft werden. Auch soweit die Entwicklung und Prüfung solcher Datenschutz- und Sicherheitsstandards auf freiwilliger Basis erfolgt, kann dies ein wichtiges Mittel sein, die notwendige Akzeptanz und Sozialverträglichkeit von TEMEX zu erreichen.

Kapitel 8 schließlich greift die in Kapitel 6 entwickelten Gedanken hinsichtlich einer datenschutzgerechten Technikgestaltung wieder auf und untersucht zukünftige Entwicklungsmöglichkeiten. Dies geht über den technischen Stand von TEMEX hinaus und behandelt offene Kommunikationsnetze mit integriertem Directory-Service, wie er von der CCITT in den Empfehlungen der Serie X.500 definiert wurde. Dabei zeigt sich, daß die absehbare Entwicklung der Technik zahlreiche Mittel bereitstellt, den Schutz des Persönlichkeitsrechts besser sicherzustellen, als dies heute möglich ist. Voraussetzung ist allerdings, daß hierfür klare politische Vorgaben entwickelt werden.

2

Charakteristika von TEMEX und ihre Bedeutung für den Datenschutz

2.1 Vorbemerkungen

Die Telekommunikationsordnung (TKO)[1] beschreibt TEMEX folgendermaßen:

> "Der Temexdienst dient der Übermittlung von Informationen beim Fernanzeigen, Fernmessen, Fernschalten und Ferneinstellen (Fernwirkinformationen) zwischen einer im Temexdienst als Fernwirkleitstelle betriebenen Endstelle und einer bestimmten Gruppe von Endstellen, die im Temexdienst als Fernwirkaußenstellen betrieben werden." (§ 49 Abs TKO)

In dieser Bestimmung der TKO werden zwei sehr verschiedene Aspekte angesprochen, die eigentlich nichts miteinander zu tun haben:

- die technische Möglichkeit zur Übermittlung von Informationen zwischen zwei oder mehreren Endstellen (Netzbereich) und

- der Zweck bzw. Inhalt dieser Informationsübermittlung (Dienstbereich).

---

[1] BGBl I 1987, Seite 1761 ff.

Letzteres wird häufig auch als Mehrwertdienst (value added service) bezeichnet, insbesondere wenn hierbei zusätzliche Verarbeitungsleistungen erbracht werden.

Diese Unterscheidung, ist grundsätzlich bei allen Telekommunikationsdiensten zu treffen. Beide Aspekte sind für den Datenschutz wichtig, wobei im Netzbereich vorwiegend technische Fragen angesprochen werden und im Dienstbereich rechtliche Gesichtspunkte überwiegen. Auf beides wird im folgenden nur in soweit eingegangen, als dies für Fragen des Datenschutzes von Bedeutung ist.

2.2   Technische Eigenschaften von TEMEX

Die technische Konzeption von TEMEX[2] soll folgendes Bild veranschaulichen:

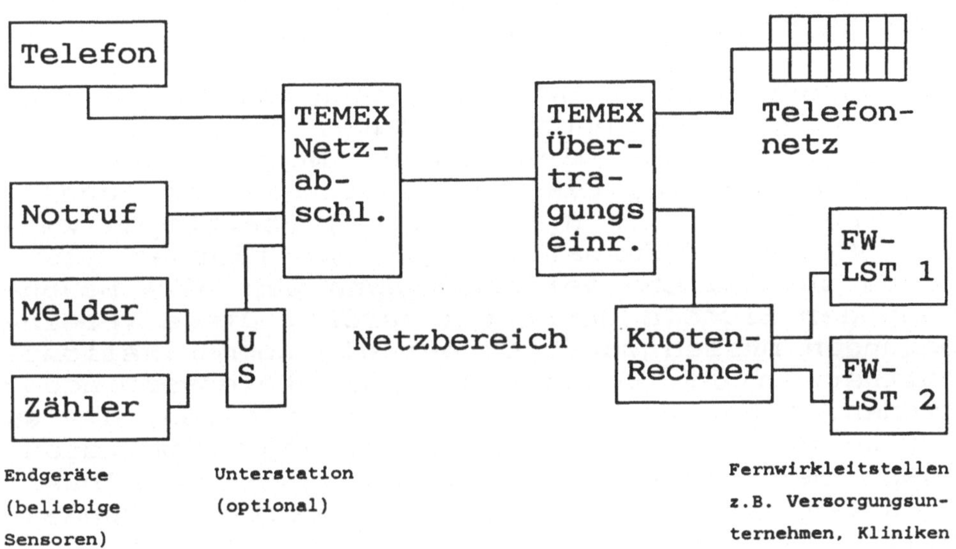

ABBILDUNG 1

---

[2]   Die Darstellung der technischen Eigenschaften von TEMEX stützt sich auf die vom Bundesminister für das Post- und Fernmeldewesen herausgegebene Broschüre "TEMEX Dienstleistungs- und Systembeschreibung" sowie auf weitere Informationsschriften der Deutschen Bundespost.

TEMEX ist zunächst nichts anderes als ein Dienst
der Post zur **Übertragung beliebiger Daten**. Diese
sind binär codiert und werden in Form von Da-
tenblöcken bestimmter Länge ("Fernwirk-Telegramme") über die normale Telefonleitung übertragen.
Der Telefonbetrieb wird dadurch nicht gestört
oder blockiert, da für die TEMEX-Übertragung ein
Frequenzbereich benutzt wird, der für Sprechver-
bindungen nicht benötigt wird.

Für den Datenschutz, d.h. den Schutz des Persönlichkeitsrechts unter den Bedingungen der modernen Datenverarbeitung, sind jedoch - entgegen dem
Wortlaut des Begriffs - nicht Daten sondern Informationen von Interesse, die sich auf bestimmte
oder bestimmbare Personen beziehen.

Die Unterscheidung zwischen Daten und Information
ist von grundlegender Bedeutung. Daten sind zunächst lediglich elektrische, magnetische oder
optische Signale, die über Leitungen oder andere
Verbindungswege (z.B. Richtfunk) übertragen werden können. Information entsteht hieraus erst,
indem zusätzliche Vereinbarungen über die Bedeutung der Signale getroffen werden. Diese Vereinbarungen müssen zunächst nur die Kommunikationspartner an den Endstellen einer Datenverbindung
kennen. Alle dazwischen liegenden Stellen, die an
der Weiterleitung der Daten beteiligt sind, brauchen über diese Abmachungen nichts zu wissen.
Dies betrifft insbesondere die Deutsche Bundespost. Besonders deutlich wird die Unterscheidung
zwischen Daten und Information, wenn man an die
Möglichkeit der Verschlüsselung von Daten denkt,
wovon in diesem Buch noch oft die Rede sein wird.
Identische Daten können je nach Verwendungszusammenhang ganz unterschiedliche Information repräsentieren.

Insbesondere ist auch das Volumen der Daten kein
brauchbares Maß für ihren Informationsgehalt. Bereits die Übertragung eines einzelnen Bits kann
beliebige, unterschiedliche Bedeutung haben. So

kann dieses Bit z.B. das Ein oder Ausschalten einer Maschine veranlassen, aber auch das Umschalten eines Rechners, der die Steuerung einer Produktionsanlage durchführt, auf ein ganz anderes Fertigungsprogramm. Die Information, die hinter einem solchen Bit steckt, kann weiterhin davon abhängen, welche Daten vorher übermittelt wurden oder zu welchem Zeitpunkt die Datenübertragung erfolgt. Auch ohne daß Daten übertragen werden, kann Information übermittelt werden, wenn z.B. ein vorher vereinbartes Signal zu einem bestimmten Zeitpunkt nicht übertragen wird. Erst die Kenntnis des Gesamtzusammenhanges, in dem die Daten stehen, ergibt die Information. Dies gilt natürlich prinzipiell für jede Art von Kommunikation. Doch kommt dem bei der Datenübertragung (z.B. TEMEX) besondere Bedeutung zu, da allgemeingültige Vereinbarungen darüber fehlen, wie bestimmte Daten interpretiert werden sollen. Dies ist beispielsweise bei sprachlicher Kommunikation ganz anders, da Buchstaben und Worte weitgehend allgemein verstanden werden.

In diesen Gesamtzusammenhang gehört zunächst alles, was an bzw. hinter den beiden Endstellen mit den Daten geschieht. Technisch gesehen können hier **beliebige Endgeräte** angeschlossen werden: Sensoren (z.B. für Temperatur, Druck, Licht, Geräusche, Rauch, radioaktive Strahlung, chemische Substanzen), Kontaktschwellen, elektrische Zähler, Schaltanlagen, Rechner etc. Je nach Anwendung und Ausstattung der Endgeräte erfolgt die Übertragung nur in einer oder auch in beiden Richtungen. Besonders das Beispiel der Rechner, über die eventuell mehrere Sensoren miteinander kombiniert werden, zeigt, daß die Kenntnis des angeschlossenen Gerätes keineswegs ausreicht, um die Bedeutung der übertragenen Daten zu erkennen. Notwendig ist auch die Kenntnis der eingesetzten Programme und der weiteren mit dem Rechner verbundenen Geräte (z.B. andere Rechner und deren Programme). Schon heute sind in sehr viele Geräte

Mikroprozessoren eingebaut, was in Zukunft noch wesentlich zunehmen wird. Der Anschluß von Rechnern wird daher der Normalfall werden.

Dieser Gesamtzusammenhang, der weiterhin durch vertragliche und technische Vereinbarungen zwischen den Kommunikationspartnern bestimmt wird, ist Dritten und damit auch der Post in aller Regel nicht oder nicht vollständig bekannt. Die Festlegung der Art der zu übertragenden Information in der TKO ("Informationen beim Fernanzeigen, Fernmessen, Fernschalten und Ferneinstellen") ist daher nur als Appell zu verstehen, denn diese wird erst in einer konkreten TEMEX-Anwendung (Dienstleistung) spezifiziert und zwischen TEMEX-Anbieter und TEMEX-Kunden im einzelnen vereinbart. Inwieweit die Post auf diesen Bereich rechtlich überhaupt Einfluß nehmen kann, wird weiter unten untersucht.

TEMEX wird technisch heute über das bestehende Telefonnetz der Post abgewickelt. Anders als beim Telefon besteht dabei ständig eine Verbindung zwischen der Endeinrichtung und dem entsprechenden TEMEX-Rechner (Knotenrechner) der Post, deren Funktionsfähigkeit laufend durch den Austausch von Signalen überwacht werden kann. Die Verbindungen von den Endeinrichtungen der TEMEX-Kunden sind dabei logisch (virtuell) einem bestimmten TEMEX-Anbieter (Leitstelle) fest zugeordnet. Innerhalb des sehr offenen Telefonnetzes entsteht damit eine Art **geschlossener Benutzergruppe** hinsichtlich einer bestimmten TEMEX-Anwendung. Unter Sicherheitsaspekten bedeutet dies, daß zum einen alle diesbezüglichen Probleme des Telefonnetzes (geringe Abhörsicherheit, Möglichkeit von Fehlverbindungen, begrenzte Abschirmung gegen Störungen) auch für TEMEX gelten.

Hinzu kommt aber, daß in vielen Fällen die Kenntnis einer bestimmten Anwendung - anders als beim normalen Telefondienst - Rückschlüsse auf persönliche Verhältnisse der angeschlossenen TEMEX-Kunden zuläßt. Wer beispielsweise an eine Einbruchsmeldezentrale angeschlossen ist, besitzt ein Alarmsystem und hat im allgemeinen größere Werte zu schützen. Zu welcher Benutzergruppe ein TEMEX-Anschluß gehört kann teilweise aus den über die Leitung gehenden Signalen geschlossen werden (z.B. unterschiedliche Überwachung der Leitung für verschiedene Schnittstellen durch die Post, Vereinbarung bestimmter Übertragungsprotokolle).

Trotz der Tatsache, daß bei TEMEX eine feste virtuelle Verbindung zwischen den Endstellen aufgebaut wird, die kontinuierlich besteht, handelt es sich technisch gesehen doch um ein **vermitteltes Netz**. Die Vermittlung erfolgt dabei im Knotenrechner der Post, der daneben im Prinzip aber auch beliebige andere Funktionen (z.B. Speicherung der Daten, selbständiger Abruf von Daten, Veränderung von Daten, Weiterleitung der Daten an andere Stellen) durchführen kann. In derzeit noch begrenztem Umfang werden solche Funktionen von der Post auch angeboten (z.B. Sammelabfrage).

Der TEMEX-Dienst, wie er heute angeboten wird, weist - zumindest legt dies die Begriffsbestimmung der TKO nahe - eine **asymmetrische Struktur** auf. D.h. der Leitstelle wird die Kontrolle über die damit verbundenen Endeinrichtungen zugewiesen. Dies ist jedoch nicht technisch bedingt und damit keineswegs zwingend. Z.B. wäre es technisch möglich, mehrere Leitstellen gleichberechtigt zu betreiben, oder die TEMEX-Verbindung wahlweise zu verschiedenen Leitstellen herzustellen (z.B. bei Ausfall oder Überlastung einer Leitstelle, in Abhängigkeit vom Inhalt der TEMEX-Daten etc.). Sofern an die Endeinrichtungen beim Kunden "intelligente", d.h. mit eigener Speicher- und Verarbeitungskapazität ausgestattete Endgeräte angeschlossen werden, kann auch die Frage, welche Seite die Kontrolle hat (z.B. eine Datenübertragung auslösen kann) sehr verschieden gelöst werden. Im Hinblick auf die Möglichkeiten der datenschutzgerechten Ausgestaltung einer TEMEX-Anwendung kommt diesem Aspekt große Bedeutung zu.

Aufgrund der Nutzung des normalen Telefonnetzes
ist auch TEMEX ein **schmalbandiges Netz**, d.h. die
mögliche Datenübertragungsrate ist begrenzt[3] . Da
die Post faktisch kaum kontrollieren kann, für
welche Zwecke TEMEX benutzt wird und welche Daten
tatsächlich übertragen werden, wäre damit aber
immer noch eine Nutzung möglich, die in Konkur-
renz zu anderen, meist teureren Postdiensten
steht (z.B. TELEX, DATEX). Um für TEMEX dennoch
vergleichsweise niedrige Gebühren, die nicht direkt vom übertragenen Datenvolumen abhängen, anbieten zu können, wurde die Übertragungskapazität
die dem Kunden tatsächlich zur Verfügung gestellt
wird, drastisch weiter eingeschränkt. So lassen
die meisten derzeit erhältlichen Schnittstellen
nur eine bestimmte Anzahl von Datenübertragungen
pro Monat zu, wobei auch die Länge einer Nachricht vergleichsweise eng begrenzt ist ("Fernwirk-Telegramme" der Länge 1 bit, 8 bit oder 48
Byte).

Neben den gebührenpolitischen Aspekten wird hie-
rin auch ein Beitrag zum Datenschutz gesehen, da
damit beispielsweise beliebig häufige Zähler-
standsabfragen (z.B. bei Stromverbrauchszählern),
die die Erstellung eines detaillierten Ver-
brauchsprofils ermöglichen würden, verhindert
werden. Die hierfür vorgeschlagenen Schnittstellen TSS14 bzw. TSS15 lassen zur Zeit nur 5 bzw.
200 Abfragen pro Monat zu. Wichtig ist zunächst,
daß diese Beschränkung keinen technischen Grund
hat. Sie kann damit von der Post jederzeit verändert oder aufgehoben werden. Die Eignung dieser
Maßnahme als Datenschutzvorkehrung steht damit
auf schwachen Füßen.

Wesentlicher ist jedoch, nochmals an die eingangs
getroffenen Feststellungen zu erinnern, nach denen ein direkter, strenger Zusammenhang zwischen
dem Volumen der übertragenen Daten und der damit

---

[3]   Technisch wären Datenraten von einigen
      kbit/sec möglich, was weit über den heute
      bei TEMEX realisierten Datenraten liegt.

übermittelten Information nicht besteht. So gibt es zahlreiche mathematische Verfahren, um Daten zu reduzieren, d.h. um die zunächst in großer Zahl erfaßten Meßdaten so zu verdichten, daß ohne (wesentlichen) Informationsverlust nur noch wenige Parameter übertragen werden müssen, aus denen dann die ursprünglichen Daten rechnerisch in ausreichender Näherung wieder rekonstruiert werden können (z.B. Fourieranalyse). Je mehr Vorwissen über den zu messenden Ablauf vorhanden ist oder je spezieller und begrenzter die interessierende Fragestellung ist, um so effektiver ist eine Datenreduktion möglich. Da dieser Aspekt einige Bedeutung für die Diskussion der Datenschutzprobleme bei TEMEX hat, soll dies durch ein fiktives Beispiel erläutert werden:

Angenommen ein Stromversorgungsunternehmen, das die TEMEX-Schnittstelle TSS14 für die Ablesung der Stromzähler einsetzt, interessierte sich (aus welchen Gründen auch immer) für die Fernsehgewohnheiten seiner Kunden, wobei es in diesem Fall nur darum gehen könnte, zu welchem Zeitpunkt und wie lange das Fernsehgerät eingeschaltet ist. Das Unternehmen bräuchte hierzu einen elektronischen Zähler, der sehr schnell hintereinander Werte erfassen, einfache Rechenoperationen durchführen und Ergebnisse zwischenspeichern kann. Jedes Einschalten des Fernsehgerätes verursacht einen kurzen, klar erkennbaren Stromimpuls, der eine eindeutige Charakteristik hinsichtlich Dauer und Stromverlauf aufweist. Der "intelligente" Zähler beim Kunden könnte nun so programmiert werden, daß er diese spezifischen Impulse erkennen kann. Auch beim Ausschalten des Gerätes entsteht ein eindeutiger, charakteristischer Stromverbrauchsrückgang, der ebenfalls erkannt werden kann. Es würde nun genügen, den jeweiligen Zeitpunkt des Ein- und Ausschaltens des Fernsehgerätes zu speichern und über TEMEX zu übertragen, um die gewünschte Information zu liefern. Begnügt man sich mit einer Zeitauflösung von einer Viertelstunde,

könnte diese Information praktisch lückenlos über
die Schnittstelle TSS14 übertragen werden, die
nur 5 Abfragen im Monat zu je 48 Byte zuläßt.

Auch eine höhere Zeitauflösung wäre möglich, wenn
man sich hinsichtlich des Beobachtungszeitraumes
entsprechend einschränkt. Interessiert man sich
nur für die Gesamtdauer, in der das Fernsehgerät
eingeschaltet war, oder für Durchschnittswerte,
könnten daneben noch sehr viele andere Informationen übertragen werden.

Das Beispiel ist fiktiv, aber typisch für eine
Vielzahl ähnlicher Beobachtungs- und Meßmöglich-
keiten, denn fast alle Geräte und Vorgänge besitzen derartige charakteristische Kennungen. Ist in
dem intelligenten Zähler ein parametergesteuertes
Programm vorhanden, um beliebige solche Vorgänge
erkennen zu können, kann die Programmierung (bzw.
Umprogrammierung auf andere interessierende Vorgänge), jederzeit von der Leitstelle aus über
TEMEX erfolgen, da nur die entsprechenden Parameter übertragen werden müssen.

Damit soll nicht gesagt werden, daß eine Beschränkung der Übertragungskapazität keine redu-
zierende Wirkung hinsichtlich der zu übermitteln-
den Information hat. Diese Wirkung darf jedoch
nicht überschätzt werden.

In näherer Zukunft wird TEMEX sicher auch in das
neu aufzubauende, integrierte Postnetz ISDN einbezogen werden. Zwar wären grundsätzlich auch
dann entsprechende Beschränkungen hinsichtlich
der erlaubten Häufigkeit von TEMEX-Abfragen möglich, sofern diese Anwendungen über einen bestimmten von der Post überwachten Kanal erfolgen.
Es entfällt jedoch (voraussichtlich) die gebüh-
renpolitische Motivation hierfür, da vermutlich
durchgängig volumenabhängige Gebühren eingeführt
werden. Die Aufrechterhaltung der Schranken müßte
daher politisch verlangt werden, was angesichts
der begrenzten Wirksamkeit dieser Maßnahme nicht
unproblematisch ist. In vielen Anwendungsbe-

reichen wird demgegenüber die größere Bandbreite von ISDN gerade auch für Meß- und Steuerungsaufgaben Verwendung finden. Zu denken ist insbesondere an die Übertragung von Bildinformation (wobei die Kamera ferngesteuert gelenkt werden kann), die eine bessere Überwachung vieler Vorgänge ermöglicht als die einfache Meßdatenübertragung. Bei Anwendungen, die in irgend einer Weise Privatpersonen betreffen, wachsen dadurch die Risiken für das Persönlichkeitsrecht, die in Kapitel 3 weiter erläutert werden, stark an.

2.3   Die Rechtsverhältnisse bei TEMEX

Bei früheren Formen der Telekommunikation wurde meist nicht klar zwischen dem Kommunikationsnetz und den die Kommunikation unterstützenden Dienstleistungen unterschieden[4]. Der Begriff des "Fernmeldewesens", wie ihn das Grundgesetz und das Fernmeldegesetz verstehen, umfaßt grundsätzlich sowohl den Bereich des Fernmeldnetzes als auch die Fernmeldedienstleistung (z.B. Telefondienst). Für beides steht der Deutschen Bundespost das Monopol zu. Keinen Einfluß besitzt die Post demgegenüber beim Telefondienst, wer mit wem, zu welchem Zweck und mit welchem Inhalt telefoniert. Hier gilt vielmehr der allgemeine Anschlußzwang (s 8 FernmG) und das Grundrecht der freien Entfaltung der Persönlichkeit (Art 2 GG).

Mit dem Aufkommen der Datenkommunikation (zu der auch TEMEX gehört) stellte sich die Frage der Abgrenzung des Postbereiches neu, denn nun entstanden neue, nicht von vornherein eingrenzbare Anwendungen (Kommunikationsdienste). Die Monopolstellung der Post steht dabei in einem gewissen Widerspruch zur Handlungsfreiheit von Herstellern und Netznutzern. Das BVerfG hat sich insbesondere in der "Direktrufentscheidung"[5] vom 12.10.1977 mit dieser Frage auseinandergesetzt und ausgeführt[6]:

---

[4] Eine ausführliche Darstellung dieser Problematik findet sich in Scherer, Joachim: "Telekommunikationsrecht und Telekommunikationspolitik", Baden-Baden, 1985

[5] BVerfGE 46,120 ff.

[6] BVerfGE 46,144

> "Die Reichweite des Begriffs Fernmeldewesen beschränkt sich nicht auf die Übertragungsleitungen einschließlich des Netzabschlusses, also auf den unmittelbaren Netzbereich, sondern sie erstreckt sich auf diejenigen Einrichtungen, die die Übertragung erst ermöglichen, wie im Fernsprechverkehr der Sprechapparat ...".

Insoweit ist die Post insbesondere auch berechtigt, Schnittstellen- und Anschlußbedingungen festzulegen und zu verändern, wenn dies im Interesse der Funktionsfähigkeit des Netzes erforderlich ist. Auch darüber hinaus

> "(kann) die Einflußnahme auf den Zweck des Gebrauchs von Fernmeldeanlagen Gegenstand einer Benutzungsregelung sein, wenn dadurch eine bestimmungswidrige Benutzung verhindert werden soll".[7]

Im konkreten Fall ging es dabei um die Gefahr eines zu niedrigen Gebührenaufkommens, wenn den Benutzern eines Direktrufanschlusses die Möglichkeit eingeräumt worden wäre, eine Nachrichtenübertragung für andere Personen zu vermitteln. Diese (keineswegs unumstrittene) Möglichkeit der Einflußnahme auf den Gebrauch einer Fernmeldeanlage, wie sie auch die eingangs zitierte TKO-Regelung enthält, ist im übrigen eng auszulegen:

> "Klarzustellen ist allerdings, daß die Vorschriften (Anschlußbedingungen) nur insoweit sachlich gerechtfertigt sind, als sie die 'fernmeldemäßige' Tauglichkeit der Endeinrichtungen gewährleisten sollen. ... Ohne diese Voraussetzung wäre es der Bundespost möglich, auf dem Wege einer

---

[7]   BVerfGE 46,150

> Zulassung aus anderen als rein 'fern
> meldemäßigen' Gründen (d.h. Sicherung
> der Störungsfreiheit des Fernmelde
> netzes) auf die Gestaltung der End
> einrichtungen Einfluß zu nehmen. Eine
> derartige Einflußnahme wäre weder ...
> zulässig noch aus anderen Gründen
> vertretbar".[8]

Damit wird der Bereich der eigentlichen TEMEX-Anwendung (d.h. die Festlegung welche Sensoren oder Rechner angeschlossen werden und wie diese programmiert sein dürfen) dem Einfluß der Post entzogen, soweit nicht Aspekte der Störungsfreiheit des Netzes tangiert sind. Die Post hat damit insbesondere auch keinen Einfluß auf die datenschutzgerechte Gestaltung einer TEMEX-Anwendung, denn dies wären andere als "fernmeldemäßige" Gründe. Die Einflußmöglichkeiten der Post sind in dieser Hinsicht denkbar gering.

Dies hat weitreichende Folgen für den Datenschutz. Denn dieser muß damit rechtlich im Verhältnis zwischen TEMEX-Anbieter und TEMEX-Nutzer geregelt werden. Dieses Rechtsverhältnis kann dabei sowohl privatrechtlicher als auch öffentlichrechtlicher (wenn der TEMEX-Anbieter eine staatliche Stelle ist) Natur sein; es ist im allgemeinen jedoch nicht postrechtlicher Art. Während im Verhältnis der Post zu privaten Kunden jedoch die Grundrechte unmittelbar gelten, ist dies im privatrechtlichen Bereich nicht der Fall. Hier gilt im allgemeinen nur eine mittelbare, eingeschränkte Drittwirkung der Grundrechte. Welche Bedeutung dies im einzelnen hat, wird in Kapitel 4 untersucht.

---

[8]   BVerfGE 46,155

3

Risiken von TEMEX

3.1   Vorbemerkungen

Ein Fernwirkdienst wie TEMEX ist dazu prädestiniert, die Vision von George ORWELL in seinem
Roman "1984" in Erinnerung zu rufen, der ein
plastisches Bild für die ständige Überwachung des
einzelnen in seinem privaten Lebensbereich zeichnet[1]:

> "Drinnen in der Wohnung verlas eine
> klangvolle Stimme eine Zahlenstatis-
> tik ... Die Stimme kam aus einer
> länglichen Metallplatte, die einem
> stumpfen Spiegel ähnelte ... Der Ap-
> parat, ein sogenannter Televisor,
> konnte gedämpft werden, doch gab es
> keine Möglichkeit, ihn völlig ab-
> zustellen. ... Der Televisor war
> gleichzeitig Empfangs- und Sende-
> gerät. Jedes von Winston verursachte
> Geräusch, das über ein ganz leises
> Flüstern hinausging, wurde von ihm
> registriert. Außerdem konnte Winston
> ... nicht nur gehört, sondern auch
> gesehen werden. Es bestand natürlich
> keine Möglichkeit festzustellen, ob

---

[1]   zitiert nach Orwell, George: "1984",
Frankfurt, 1976

> man in einem gegebenen Augenblick ge-
> rade überwacht wurde. Wie oft und
> nach welchem System die Gedankenpo-
> lizei sich in einen Privatapparat
> einschaltete, blieb der Mutmaßung
> überlassen. Es war sogar möglich, daß
> jeder einzelne ständig überwacht wur-
> de. Auf alle Fälle aber konnte sie
> sich, wenn sie es wollte, jederzeit
> in einen Apparat einschalten."

ORWELL's Vision wird zur Verdeutlichung der Risiken jeder Datenverarbeitung, die mit personenbezogenen Daten stattfindet, immer wieder herangezogen. Nirgendwo erscheint dies jedoch so berechtigt wie bei TEMEX, wenn man die absehbaren technischen Weiterentwicklungen dieses Dienstes mit
einbezieht:

- TEMEX kann aufgrund seiner technischen An-
  bindung an das universell verbreitete Tele-
  phonnetz und der vergleichsweise geringen
  Kosten in jeder Wohnung installiert werden;

- an TEMEX können im Prinzip beliebige Sensoren angeschlossen werden, die auf Bewegungen, Geräusche, Temperatur, Druck, Geruch
  etc. reagieren; außerdem können alle Arten
  von Schalt- und Steuervorgängen überwacht
  und aktiv beeinflußt werden;

- die ISDN-Technik wird auch die Einbeziehung
  von ferngesteuerten Kameras zur optischen
  Überwachung ermöglichen;

- die Kontrolle über TEMEX kann vollständig
  von außen her erfolgen, so daß der einzelne
  tatsächlich nicht weiß, wann welche Aktivität erfolgt, und er keinen Einfluß darauf
  hat.

Damit sind erstmals alle technischen Elemente von
ORWELL's Vision vorhanden. Die bisher im Bereich

privater Haushalte installierten technischen Einrichtungen waren demgegenüber entweder rein pas-
siv (z.B. Energieversorgung) oder standen weitgehend unter der Kontrolle des Benutzers (z.B.
Telefon). Dies bedeutet selbstverständlich nicht,
daß jede TEMEX-Anwendung die von ORWELL aufge-
zeigten Überwachungsmöglichkeiten auch tatsächlich realisieren würde. Aber TEMEX ist potentiell
dazu in der Lage.

ORWELL's Alptraum ist in weiten Teilen der Bevöl-
kerung zumindest als Begriff bekannt. Dabei wird
durchaus gesehen, daß sich "1984" auf die Verhältnisse in einer Diktatur bezieht und in einer
demokratischen Gesellschaft weder ein "big
brother" noch eine "Gedankenpolizei" existieren,
die sich diese Technik zunutze machen könnten.
Dennoch bleibt angesichts des technischen Po-
tentials ein weit verbreitetes Unbehagen. BENDA[2]
hat dies wie folgt ausgedrückt:

> "Die fortschreitende Erweiterung der
> technischen Möglichkeiten, die
> menschlichen Fähigkeiten zu sinn-
> licher Wahrnehmung um ein Vielfaches
> zu verstärken, stellt einen revolu-
> tionären Schritt dar, an dessen Ende
> die völlige Schutzlosigkeit der Pri-
> vatsphäre stehen könnte. ... George
> Orwell's 1984 mag eine unrealistische
> Vision sein. Die wirkliche Gefahr ist
> weniger die Unterwerfung der Menschen
> durch Menschen, also die subjektive
> Despotie mit Hilfe der Technik, als
> vielmehr die politische Herrschaft
> der Technik selbst, die freilich ihre
> Nutznießer finden wird."

Ausmaß und Hintergrund dieses Unbehagens angesichts der neuen technischen Möglichkeiten mögen

---

[2]   Benda, Ernst: in Handbuch des Verfassungs-
       rechts, hrsg. von Benda, Maihofer und Vogel,
       Berlin, New York, 1983, Seite 122 und 127

sehr verschieden sein. So werden einige das Hauptproblem im staatlichen Bereich sehen, der in der jüngsten Vergangenheit eine Neigung zur Beschränkung von Bürgerrechten und Freiheiten deutlich erkennen ließ, sobald eine "Bedrohung" konstatiert wurde. Andere werden die Gefahr einer sozialen Bevormundung durch immer detailliertere Beobachtung des Verhaltens im privaten Bereich (z.B. Auswirkungen der Messung von "Einschaltquoten" auf die angebotenen Fernsehprogramme) in den Vordergrund stellen, was keineswegs nur ein Problem des Staates ist.

Diese Ängste müssen, gleichgültig welche Ursachen sie im einzelnen haben und ob sie mehr "emotional" oder "rational" vorgetragen werden, ernst genommen werden, wenn TEMEX eine breite Akzeptanz finden und sozial verträglich sein soll. Anders wird eine derartige Technik jedoch nicht durchsetzbar sein. Dabei reicht es nicht aus, die Gefahren zu leugnen oder herunterzuspielen und auf die gute Absicht der beteiligten Stellen hinzuweisen. Notwendig sind vielmehr klare technische und rechtliche Vorkehrungen, die die mit TEMEX unvermeidlich verbundenen Risiken für die Privatsphäre wirksam begrenzen.

Dies gilt um so mehr, als eine Abschaffung oder ein Verbot von Fernwirkdiensten wie TEMEX praktisch nicht möglich wäre, selbst wenn dies politisch gewollt würde. Denn jede Art von Datenübertragung, wie sie jetzt schon im Telefon- und DATEX-Netz laufend erfolgt, kann zum Fernmessen und Fernwirken verwendet werden und wird auch teilweise so eingesetzt. Technisch gibt es daher keinen Weg zurück. Auch ein rechtliches Verbot solcher Anwendungen kann angesichts der vielen nützlichen Möglichkeiten eines Fernwirkdienstes nicht ernsthaft erwogen werden. Es ist nicht Aufgabe dieses Buches, das Spektrum an sinnvollen und positiven TEMEX-Anwendungen auszumalen, doch zeigt bereits ein kurzer Blick auf die derzeit vorhandenen Anwendungen die Bedeutung von TEMEX:

- Ein Einbruchmeldesystem über TEMEX stellt erstmals auch für den privaten Bereich eine kostengünstige Möglichkeit dar, sich an einen Bewachungsdienst anzuschließen und damit wesentliche Risiken (z.B. Einbruch in ein Wochenendhaus) versicherbar zu machen.

- Ein Notrufsystem über TEMEX kann die Betreuung pflegebedürftiger Personen wirksam verbessern und teilweise eine stationäre Unterbringung entbehrlich werden lassen.

- Im Bereich des Umweltschutzes kann mit vertretbaren Kosten ein wesentlich dichteres Meßnetz zur Luft- oder Gewässerüberwachung aufgebaut werden, wodurch die Verursacher umweltschädigender Immissionen leichter festgestellt werden können.

- Eine ferngesteuerte und fernüberwachte Heizungsanlage kann nicht nur umweltbelastende Emissionen reduzieren, sondern auch einen wichtigen Beitrag zur mittelfristig unumgänglichen Energieeinsparung leisten, ohne daß in jedem Haushalt teure Steuerrechner installiert werden müssen etc.

Für TEMEX wird es im übrigen eine Vielzahl von industriellen Anwendungen geben, die in keiner Weise ein Risiko für die Persönlichkeitssphäre darstellen. Ein Fernwirkdienst wie TEMEX erscheint daher nicht nur unvermeidlich, sondern auch hilfreich. Dies sagt jedoch noch nichts über die konkrete Technik und den Einsatz von TEMEX aus, für die sehr unterschiedliche Möglichkeiten bestehen können.

Die Risiken von TEMEX liegen nicht in erster Linie im Netzbereich sondern in den einzelnen Anwendungen. Jede Anwendung, die dabei als Gesamtsystem (vgl. Kapitel 2) zu betrachten ist, hat spezifische Risiken, die im folgenden skizziert werden sollen. Maßnahmen zur Begrenzung der Ri-

siken werden ebenfalls für jede Anwendung verschieden sein und können sich teilweise direkt
widersprechen (z.B. Anonymisierung der Daten bei
der Meßdatenerfassung und eindeutige Identifi-
zierbarkeit bei Notrufsystem). Manche Maßnahmen
sind nur bei bestimmten Anwendungen geeignet und
würden bei anderen Anwendungen den angestrebten
Zweck gefährden (z.B. jederzeitiges Abschalten
des TEMEX-Anschlusses).

TEMEX regt die Phantasie an, da den denkbaren Anwendungsmöglichkeiten kaum Grenzen gesetzt sind.
Beliebige Spekulationen erscheinen jedoch wenig
hilfreich, um die anstehenden Probleme lösen zu
können. Daher beschränkt sich die Darstellung der
Risiken in diesem Buch auf einige Anwendungen,
die bereits praktisch realisiert oder konkret ab-
sehbar sind.

3.2   Verbrauchsdatenerfassung

Bei dieser TEMEX-Anwendung geht es darum, Zähler, die den Verbrauch von Energie oder von sonstigen Versorgungsgütern anzeigen, ferngesteuert ablesen zu können. Beispiele hierfür sind Zähler zur Ermittlung des Strom-, Gas-, Wasser-, Fernwärmeverbrauchs. Die Zähler selbst können sehr verschieden gestaltet sein und neben der kontinuierlichen Verbrauchserfassung auch weitere Angaben (z.B. Spitzenwerte, Durchschnittswerte) erfassen und ggf. zwischenspeichern. Zusätzlich zur Verbrauchsdatenerfassung sind auch Steuerungseingriffe (z.B. Umschalten zwischen verschiedenen Tarifen bei Zählern, die auch die entstehenden Kosten anzeigen; zeitweiliges Sperren eines Anschlusses; Kontingentierung der Verbrauchsmenge etc.) denkbar, wenn Zähler und TEMEX-Anschluß entsprechend gestaltet werden.

Gegenüber dem bisherigen Verfahren zur Verbrauchsdatenerfassung ergeben sich für die Versorgungsuntenehmen wesentliche Vorteile:

-      Der Einsatz von Mitarbeitern zur Ablesung von Zählern kann entfallen,

-      eine Ablesung ist auch bei Abwesenheit des Kunden möglich,

-      Anschlüsse können schneller gesperrt werden,

-      eine flexiblere Tarifgestaltung wird ohne zusätzlichen Aufwand möglich, d.h. es müssen keine separaten Zähler für verschiedene Tarife (z.B. Nacht-Strom) installiert werden[3],

---

[3]   In diesem Falle zeigt der Zähler dann nicht mehr den Verbrauch, sondern beispielsweise die Gebühren an.

-    Ablesungen können wesentlich häufiger erfolgen, wodurch das Versorgungsunternehmen bessere Informationen über die zeitliche Verteilung des Bedarfs erhält, die sowohl für die Tarifgestaltung als auch für die Planung des Versorgungsnetzes von Bedeutung sind und

-    durch Kombination mit Meßeinrichtungen, die im allgemeinen Versorgungsnetz angebracht sind, können Störungen im Netz sofort erkannt werden (z.B. undichte Wasserleitung, unbefugte Entnahme elektrischer Energie).

Die zuletzt genannten Aspekte, die insbesondere bei knapper werdenden Ressourcen an Bedeutung gewinnen werden, führen dazu, daß eine hohe Abfragehäufigkeit wünschenswert erscheint. Weiterhin ist zu beachten, daß die genannten Vorteile erst dann entstehen, wenn die Zählerablesung über TEMEX auf breiter Basis eingesetzt werden kann, was einen starken faktischen Zwang zur Nutzung dieser Einrichtung für die Kunden zur Folge haben wird.

Der Verbrauch von Energie und anderen Ressourcen ist in starkem Maß vom Verhalten des einzelnen und von seinen Lebensverhältnissen abhängig. In ihm spiegelt sich dieses Verhalten bis zu einem gewissen Grad wider. Jede Verbrauchsdatenerfassung (auch die heute übliche Form) erlaubt somit Rückschlüsse auf das Verhalten des Kunden. Soweit eine Zählerablesung in großem zeitlichen Abstand (z.B. jährlich) erfolgt, sind diese Rückschlüsse notwendig sehr beschränkt und vage. Allerdings kann bereits hieraus grob abgelesen werden, wer (z.B. im Verhältnis zur Wohnungsgröße und zur Anzahl der Personen im Haushalt) zu den "Energieverschwendern" oder "Energiesparern" gehört. Geht man zu einer monatlichen Ablesung über (was in anderen Bereichen, wie z.B. bei den Telefongebühren durchaus selbstverständlich ist), kann man im allgemeinen bereits die Zeiten des Urlaubs

---

erkennen und weitere Rückschlüsse auf die Art des Verbrauches ziehen (z.B. welcher Anteil des Stromverbrauchs entfällt auf die Heizung). Selbstverständlich brauchen diese Schlüsse nicht in jedem Fall zutreffend zu sein; doch für den einzelnen sind gerade auch die Fehlurteile hinsichtlich seines Verhaltens von Bedeutung.

Jede Erhöhung der Ablesehäufigkeit bringt neue Erkenntnismöglichkeiten, wobei die Ablesehäufigkeit allerdings nur ein Faktor ist (vgl. 2.2): Am Wasserverbrauch kann man im allgemeinen gut erkennen, wie viele Personen sich in einer Wohnung aufhalten; ist die Häufigkeit der Toilletenbenutzung aus den Daten erkennbar, sind Rückschlüsse auf den Gesundheitszustand möglich etc. Diese Beispiele lassen sich beliebig fortsetzten, weshalb dem Hessischen Datenschutzbeauftragten zuzustimmen ist, daß die Verbrauchsdatenerfassung mittels TEMEX dazu geeignet ist,

> "ein überaus genaues Bild der Gewohnheiten des einzelnen zu gewinnen, seinen Tagesablauf zu rekonstruieren und damit letztlich die Steuerbarkeit des einzelnen um ein Vielfaches zu steigern".[4]

Diese Auffassung wird teilweise mit dem Argument bestritten, daß eine eindeutige Zuordnung des Verbrauchs von Energie, Wasser etc. zum Verhalten des einzelnen nur sehr eingeschränkt möglich sei. Beispielsweise führt SCHMIDT[5] aus:

> "... ist nicht einsichtig, welche Rückschlüsse auf Verhaltensweisen von Wohnungsinhabern angesichts der heute in privaten Haushalten vielfältig

---

[4] Plenarprotokoll der Sitzung des Hessischen Landtages am 5. Juli 1984, 11/22, Seite 1364

[5] Schmidt, Joachim: Datenschutzrechtliche Fragen bei TEMEX, in net-special 1/86, Seite 36

> eingesetzten automatisch arbeitenden
> Energie- und Wasserverbraucher mög-
> lich sein sollen."

Dies vermag jedoch nicht zu überzeugen, denn mit geeigneten Verfahren (vgl. hierzu auch 2.2) kann aus den Meßdaten über den Gesamtverbrauch, auf die Einzelkomponenten, aus denen sich dieser Verbrauch zusammensetzt, zurückgeschlossen werden. Z.B. können durch eine Fourieranalyse gerade periodische Vorgänge, wie das regelmäßige automatische Ein- und Ausschalten des Kühlschrankes sehr gut erkannt werden; die meisten automatischen Verbraucher besitzen zudem eindeutige Kennwerte, die aus dem Gesamtverbrauch herausgefiltert werden können. In den Naturwissenschaften sind solche Verfahren heute weit verbreitet und werden ständig verbessert.

Als weiterer Einwand könnte vorgebracht werden, daß die Versorgungsunternehmen kein Interesse an solchen Verhaltensbeobachtungen hätten und die genannten technischen Möglichkeiten daher eher theoretischer Natur seien. Dies mag für viele denkbare Fragestellungen, wie beispielsweise die in 2.2 fiktiv vorgestellte Überwachung des Fernsehverhaltens, tatsächlich so sein. Soweit es jedoch um die Feststellung geht, welche Energieverbrauchsgeräte etc. in einer Wohnung vorhanden sind, wie diese Geräte eingesetzt werden und welche derartigen Geräte vielleicht zusätzlich oder ersatzweise eingesetzt werden können, ist ein Interesse des Versorgungsunternehmens keineswegs auszuschließen. Als Grund kommt dabei sowohl ein Interesse an wachsendem Verbrauch als auch das gegenteilige Interesse an möglichst sparsamer Verwendung der Ressourcen in Betracht. In beiden Fällen ist zu befürchten, daß eine Rückwirkung auf den betroffenen Kunden mit dem Ziel erfolgt, sein Verhalten zu beeinflussen (z.B. Werbung für neue Geräte, andere Tarifgestaltung). Doch auch ohne direkte Einflußnahme macht sich das Versorgungsunternehmen ein "Bild" von seinen Kunden, das weit über das heutige Maß hinausgehen kann.

Von wesentlicher Bedeutung ist zudem, daß andere Stellen ein erhebliches Interesse an einer Verhaltensbeobachtung durch Auswertung der Verbrauchsdaten haben können. Soweit es sich hierbei um staatliche Stellen (z.B. Polizei, Nachrichtendienste) handelt, besteht vielfach auch die rechtliche Möglichkeit, sich diese Daten zu verschaffen (z.B. im Wege der Beschlagnahme). Es soll an dieser Stelle die Problematik der "Rasterfahndung" nicht grundsätzlich diskutiert werden[6]. Wesentlich ist in diesem Zusammenhang nur, daß die mittels TEMEX gewonnen Daten bei der Verbrauchserfassung für derartige Zwecke herangezogen oder eventuell auch hierfür erst erhoben werden können. Dies wäre gegenüber den bisher bekannt gewordenen Verfahren der "Rasterfahndung", bei denen z.B. die statischen Kundendaten eines Energieversorgungsunternehmens (Unterschied von Rechnungsadresse und Verbrauchsadresse) herangezogen wurden, um "konspirative Wohnungen" aufzuspüren, ein qualitativer Sprung, da nun in massenhaftem Umfang eine direkte Verhaltensbeobachtung möglich wäre. Diese Beobachtung richtet sich dabei nicht gegen Personen, die einer Straftat verdächtigt werden, sondern gegen jedermann. Die rechtlichen Fragen in diesem Zusammenhang werden in Kapitel 4 erörtert. Neben staatlichen Stellen gibt es auch andere Interessenten (z.B. Werbewirtschaft).

Solange die Möglichkeit der Verwendung der bei der Verbrauchserfassung erhobenen Daten im Rahmen einer "Rasterfahndung" oder zu sonstigen Zwecken der Verhaltensbeobachtung jedoch nicht zuverlässig ausgeschlossen werden kann, wird diese TEMEX-Anwendung kaum die notwendige Akzeptanz finden können. Aus diesem Grund wurde in Kapitel 6 ein Modell entwickelt, wie die Verbrauchsdatenerfas-

---

[6]   vgl. hierzu zum Beispiel RIEGEL in ZfR 1980, Seite 300 ff.

sung mit geringerem Risiko für den einzelnen
durchgeführt werden könnte.

Ein anderes Risiko bei der Verbrauchsdatenerfassung liegt in einer möglichen Verfälschung der Daten, die zu Abrechnungszwecken verwendet werden. Sofern an den Einsatz von Zählern gedacht wird, die nur über TEMEX abgelesen werden können, d.h. die nicht gleichzeitig auch vom Kunden in herkömmlicher Weise geprüft werden können, treten für den Kunden bei Einsprüchen gegen die Abrechnung erhebliche Beweisprobleme auf. Soweit bisher erkennbar, ist derzeit den Einsatz solcher, vom Kunden nicht kontrollierbaren Zähler allerdings nicht vorgesehen (vgl. "Berliner Modell" in Abschnitt 5.6). Sofern jedoch auch im privaten Bereich an die Möglichkeit von flexiblen Tarifumschaltungen gedacht wird, kann dieser Aspekt größere Bedeutung gewinnen.

Probleme können auch dann entstehen, wenn die Möglichkeit der Sperrung des Versorgungsanschlusses über TEMEX vorgesehen wird, da der Kunde sich bei einer unrechtmäßigen Sperrung schlechter wehren kann. Auch ist zu befürchten, daß häufiger als bisher von der sehr einschneidenden Möglichkeit der Sperrung Gebrauch gemacht wird. Wenn die Sperrung eines Versorgungsanschlusses jederzeit ohne Aufwand durchgeführt und auch wieder rückgängig gemacht werden kann, wächst zudem die Versuchung, in rechtswidriger Weise dieses Mittel zur Durchsetzung anderer Interessen einzusetzen (z.B. Stromsperre, wenn die Rundfunkgebühren nicht bezahlt werden).

3.3   Notrufsysteme

Diese TEMEX-Anwendung dient dazu, daß hilfsbedürftige Personen in einfacher Weise einen Notruf an eine Leitstelle absenden können, die dann geeignete Hilfsmaßnahmen in die Wege leitet. Dabei ist zu unterscheiden zwischen einem "passiven Notrufsystem", bei dem die hilfsbedürftige Person den Notruf durch eigenes Handeln (z.B. Drücken eines Alarmknopfes) auslöst, und "aktiven Notrufsystemen", bei denen der Notruf automatisch abgesetzt wird, sobald die hierzu installierten Sensoren einen bestimmten Zustand anzeigen.

Im Vergleich zu einem telefonischen Hilferuf stellt ein "passives Notrufsystem" lediglich eine verbesserte und vereinfachte Möglichkeit dar, da das Abnehmen des Hörers und das Wählen einer Rufnummer entfallen. Hinzu kommt, daß der Notruf auch dann zur Leitstelle durchgestellt wird, wenn der dortige Telefonanschluß besetzt ist. Diesen Vorteilen steht der Nachteil gegenüber, daß der Leitstelle die Art der gewünschten Hilfeleistung nicht mehr mitgeteilt werden kann, so daß eine differenzierte Reaktion der Leitstelle in der Regel nicht möglich sein wird. Der Kontakt wird dadurch wesentlich unpersönlicher, was in manchen Fällen im Hinblick auf die genannten Vorteile jedoch in Kauf genommen werden kann.

Problematischer ist die Situation bei "aktiven Systemen", die auch dann einen Notruf absenden können, wenn der Betroffene hierzu nicht mehr in der Lage ist (z.B. weil er ohnmächtig geworden ist). Hierzu werden Sensoren in der Wohnung installiert, die beispielsweise Bewegungen, Geräusche oder die Benutzung bestimmter Einrichtungen (z.B. Toilette, Licht, Herd) registrieren. Werden innerhalb einer festgelegten Zeit keine Ereignisse mehr wahrgenommen, wird ein Alarm aus-

gelöst. In der Regel werden mehrere Sensoren, die
beliebiger Art sein können, programmgesteuert
miteinander verknüpft, so daß beispielsweise die
normale Abwesenheit des Betreffenden nicht zum
Alarm führt. Im Grunde geht es darum, hinsichtlich des Verhaltens des Betroffenen ein bestimmtes Schema zu definieren, dessen Einhaltung überwacht wird. Dieses Schema begrenzt damit die
Handlungsfreiheit des einzelnen zumindest dadurch, daß bei jeder Abweichung unvermeidlich ein
Alarm ausgelöst wird. In der Praxis wird darüber
hinaus möglicherweise bald der Wunsch aufkommen,
der Leitstelle weitere Einzelheiten über die
alarmauslösende Situation zu übermitteln, um
Fehlalarme besser erkennen zu können. Denn zumindest bei der Neuinstallation eines solchen "aktiven Notrufsystems" ergibt sich die Notwendigkeit, das normale Verhaltensschema des Betroffen
möglichst genau kennenzulernen, um das Sensorsys-
tem richtig programmieren zu können. D.h. die
Verhaltensbeobachtung wird weiter intensiviert,
wobei sich recht bald die Frage stellt, wieweit
dies noch mit der Menschenwürde zu vereinbaren
ist.

Bei beiden Formen von Notrufsystemen besteht zu-
dem das Risiko, daß die Existenz einer solchen
Einrichtung in einer Wohnung ausgespäht wird.
Hieran könnten z.B. bestimmte Betrüger interessiert sein, die gerade die Hilflosigkeit bzw.
Hilfsbedürftigkeit ihrer Opfer ausnutzen wollen.
Das Abhören einer Telefonleitung ist - zumindest
im Bereich des Hausanschlusses - denkbar einfach.
Da ein TEMEX-Notrufsystem aus Sicherheitsgründen
von der Post laufend auf seine Funktionsfähigkeit
hin überwacht werden sollte, können auch diese
Prüfsignale abgehört werden. Solange TEMEX erst
eine geringe Verbreitung hat und für verschiedene
Anwendungen unterschiedliche Schnittstellen eingesetzt werden, die hinsichtlich der Leitungs-
überwachung durch die Post verschieden behandelt
werden, ist dieses Risiko nicht von der Hand zu
weisen.

Ein weiteres Problem liegt darin, daß die Installation eines Notrufsystems zumindest der Post gegenüber offengelegt werden muß, denn diese hat ja eine feste virtuelle Verbindung zu der entsprechenden, auf diesen Dienst spezialisierten Leitstelle herzustellen. Dies erlaubt Rückschlüsse auf den Gesundheitszustand des Betroffenen und kann den Bereich der ärztlichen Schweigepflicht tangieren.

Von großer Bedeutung ist natürlich auch die Sicherheit des Verfahrens. Hierzu gehört insbesondere, daß ein Notruf die Leitstelle tatsächlich erreicht und nicht versehentlich an eine andere Stelle geleitet wird. Weiterhin ist wichtig, daß die Leitstelle den Absender des Notrufs eindeutig identifizieren kann und daß sichergestellt ist, daß die vereinbarten Aktivitäten der Leitstelle auch tatsächlich durchgeführt werden (d.h. z.B. Fehlerfreiheit der Programme des Leitstellenrechners).

3.4 Patientenüberwachung und medizinische Fernversorgung

Derartige TEMEX-Anwendungen stellen gewissermaßen eine Fortentwicklung der Notrufsysteme dar, wobei es nicht mehr nur darum geht, in undifferenzierter Weise Alarm auszulösen, sondern eine direkte Kontrolle von Körperfunktionen vorzunehmen und gegebenenfalls auch steuernd einzugreifen. So können beispielsweise spezielle Sensoren in den Körper eines Patienten implantiert werden, die biologische Funktionen wie Körpertemperatur, Blutwerte, Herzfrequenz etc. kontinuierlich messen. Diese Daten werden dann in bestimmten Zeitintervallen oder bei Abweichungen von Normalwerten automatisch an den Rechner einer Klinik übermittelt.

Der Patient braucht hierzu nicht unbedingt über eine Leitung mit dem TEMEX-Anschluß verbunden zu sein; die Datenübertragung innerhalb der Wohnung kann auch mittels eines Funk- oder Infrarotsenders erfolgen. Auch in umgekehrter Richtung können nun vom Rechner der Klinik her bestimmte Aktivitäten im Körper des Patienten ausgelöst werden (z.B. Freisetzung eines Medikaments, Steuerung eines Herzschrittmachers). Dabei ist es technisch durchaus möglich, daß die Aktivitäten nicht durch einen Arzt in der Klinik ausgelöst werden, sondern programmgesteuert erfolgen.

Diese Anwendungen mögen recht futuristisch klingen. Die Tatsache, daß beispielsweise das Klinikum Steglitz in Berlin bereits im Rahmen des Betriebsversuchs konkrete Überlegungen anstellte, "ob die mit TEMEX übertragbare Datenmenge ausreicht, um Fern-Elektrokardiogramme durchführen zu können"[7], zeigt, daß solche Vorstellung keineswegs abwegig sind.

Alle Risiken, die im Zusammenhang mit den "aktiven Notrufsystemen" dargestellt wurden, bestehen auch hier, allerdings noch in viel größerem Umfang. Eine ausführliche Auseinandersetzung mit diesen Risiken erfolgt in Abschnitt 4.2.1 ("Schutz der Menschenwürde").

---

[7] TEMEX-Info 3/4, Oktober 1988, Seite 25, hrsg. vom Fraunhofer-Institut für Systemtechnik und Innovationsforschung

3.5   Einbruchsmeldesysteme

Diese TEMEX-Anwendung, bei der ähnlich wie bei den "aktiven Notrufsystemen" verschiedene Sensoren zur Überwachung von Gebäuden und Räumen eingesetzt werden, die bei Vorliegen bestimmter Bedingungen einen Alarm auslösen, bereitet im Hinblick auf den Datenschutz vergleichsweise wenig Probleme. Allerdings ist zu beachten, daß beim Einsatz eines Einbruchmeldesystems im Bereich privater Haushalte unvermeidlich auch personenbezogene Daten anfallen. So ist bereits die Tatsache, daß ein solches System installiert wurde, ein Indiz dafür, daß ein erhöhter Schutzbedarf besteht. Ebenso wie bei den Notrufsystemen bedarf diese Tatsache einer besonderen Sicherung gegenüber unbefugter Ausspähung. In aller Regel ist eine Alarmanlage zudem nicht ständig in Betrieb, sondern erfordert ein "Scharfschalten". Hieraus können Rückschlüsse auf die Zeiten der An- und Abwesenheit gezogen und regelmäßige Gewohnheiten erkennbar werden. Abgesehen von der Möglichkeit der mißbräuchlichen Nutzung dieser Daten entsteht auch hierdurch ein gewisses Verhaltensprofil, da diese Daten zum Zweck der Beweissicherung wahrscheinlich kontinuierlich aufgezeichnet werden dürften.

Bei dieser Anwendung ist die Sicherung der TEMEX-Leitstelle und die Gewährleistung der Zuverlässigkeit der dort beschäftigten Personen von besonderer Bedeutung, da sich anderenfalls gerade die Installation eines Alarmsystems als zusätzliche Gefährdung erweisen kann. Weiterhin ist wichtig, daß ausreichende Vorkehrungen gegen eine Unterdrückung von Alarmmeldungen sowie gegen die unbefugte Auslösung von Alarmmeldungen, durch die die Leitstelle eventuell faktisch lahmgelegt werden könnte, getroffen werden.

3.6 Fernwartung, Fernüberwachung und Fernsteuerung von Geräten im Haushaltsbereich

Fernwartung ist heute bei EDV-Anlagen bereits weit verbreitet, wobei es sich sowohl um Ferndiagnose, bei der eine Störung frühzeitig erkannt und der Wartungstechniker von vornherein mit den richtigen Ersatzteilen versorgt werden kann, als auch um eine ferngesteuerte Fehlerkorrektur (z.B. von Softwarefehlern) handeln kann. In zunehmendem Maße werden auch Haushaltsgeräte mit programmierbaren Prozessoren ausgestattet werden, so daß auch in diesem Bereich eine Ferndiagnose und Fernwartung denkbar erscheint. Auch eine ständige Überwachung von Geräten (z.B. Emissionsüberwachung von Heizanlagen, Temperaturüberwachung der Tiefkühltruhe, Lecküberwachung bei Öltanks) oder die Fernsteuerung von Einrichtungen (z.B. Optimierung einer Klimaanlage) sind möglich.

Auch in diesem Bereich können vielfältige Verhaltensrückschlüsse möglich sein, wobei das Ausmaß sehr verschieden sein kann. Zu denken ist beispielsweise an die Kontrolle der Betriebsstunden und der Zeiten der Nutzung eines Gerätes oder an die Beobachtung der vom Betroffenen wählbaren Geräteeinstellungen (z.B. Raumtemperatur). Jede konkrete Anwendung wird diesbezüglich ihre Besonderheiten haben.

Neben diesen je nach Anwendung notwendig anfallenden Daten, die Verhaltensrückschlüsse ermöglichen, ist aber auch die Gefahr zu beachten, daß der Anbieter eines solchen TEMEX-Dienstes unzulässigerweise zusätzliche Daten erfaßt, d.h. daß unter dem Deckmantel einer vereinbarten TEMEX-Anwendung weitere Informationen gesammelt werden. Beispielsweise könnte im Rahmen der Ferndiagnose eines Fernsehgerätes auch gespeichert und abgerufen werden, welche Fernsehprogramme zu welcher Zeit eingeschaltet waren. Der Betroffene kann dies in aller Regel nicht kontrollieren, da hierfür erheblicher technischer Sachverstand notwendig wäre.

3.7 TEMEX-Nutzung für Zwecke der Verhaltensforschung

Bei der Betrachtung der Risiken von TEMEX-Anwendungen stellt sich immer wieder die Frage, wer eigentlich an den damit möglichen vielfältigen Verhaltensbeobachtungen interessiert sein könnte. Neben dem Interesse von Polizei und Nachrichtendiensten sowie dem Interesse eines Dienstleistungs- bzw. Produktanbieters an detaillierter Kenntnis des Konsumentenverhaltens, ist in diesem Zusammenhang auch der Blick auf die wissenschaftliche Forschung zu richten. Gerade im Bereich der Verhaltensforschung, teilweise aber auch im Bereich medizinischer und psychologischer Forschung besteht ein großes Interesse an erweiterten Möglichkeiten zur Beobachtung des Verhaltens von Menschen.

Bekannt sind beispielsweise Versuche zur Erforschung der zirkadianen Rhythmen des Menschen, bei denen Versuchspersonen während eines mehrwöchigen Aufenthalts in einem von der Außenwelt abgeschlossenen Bunker kontinuierlich hinsichtlich ihrer motorischen Aktivität und des tageszeitlichen Verlaufs bestimmter Körperfunktionen (z.B. Körpertemperatur) überwacht werden.

TEMEX ermöglicht nun, derartige Überwachungseinrichtungen auch in der normalen Umgebung von Personen zu installieren, was für manche wissenschaftlichen Fragestellungen recht nützlich sein könnte. Solange derartige Versuche auf freiwilliger Basis mit schriftlicher Einwilligung und nach entsprechender Aufklärung der Probanden durchgeführt werden, ist hiergegen nichts einzuwenden. Ein Problem würde jedoch dann entstehen, wenn im Interesse einer möglichst unbeeinflußten Versuchsdurchführung die Aufklärung über Art und

Zweck des Versuches zunächst unvollständig bleibt
oder der Betroffene sogar bewußt getäuscht werden
soll. Natürlich stellt sich dieses Problem auch
bei Versuchen im Labor, doch führt TEMEX diesbezüglich zu einer Verschärfung, da jetzt Versuche im geschützten häuslichen Bereich möglich
werden. Eine ähnliche Problematik besteht auch
dann, wenn TEMEX-Daten, die Verhaltensrückschlüsse zulassen und zunächst für andere Zwecke
erhoben wurden, für Zwecke der wissenschaftlichen
Forschung verwendet werden sollen.

3.8 Fernüberwachung im Strafvollzug

In den USA und einigen anderen Ländern werden bereits heute Versuche unternommen, alternativ zum Freiheitsentzug in Gefängnissen eine Fernüberwachung verurteilter Straftäter durchzuführen. So kann ein Delinquent quasi unter Hausarrest gestellt werden, indem an seinem Körper ein nicht zu entfernender Sender angebracht wird, dessen Signale in einem bestimmten Umkreis von einem fest installierten Empfänger aufgenommen und an eine Leitstelle übermittelt werden. Verläßt der "Gefangene" den jeweiligen Umkreis des Empfängers, wird Alarm ausgelöst. Dieses Verfahren erlaubt, ganz individuelle Auflagen festzusetzen, deren Einhaltung fernüberwacht wird.

Überlegungen gehen auch dahin, den Sender in den Körper des Gefangenen zu implantieren. Dadurch könnten prinzipiell auch biochemische Messungen (z.B. des Alkohlgehalts im Blut, Drogenscreening) möglich werden, womit ein großer Bereich weiterer Auflagen überwacht werden könnte.

Die Vision Orwell's wird hier Realität. Dabei ist zu beachten, daß die derzeit weithin übliche Freiheitsentziehung, deren Problematik an dieser Stelle nicht erörtert werden soll, für den Betroffenen vielfach wesentlich einschneidender ist, da damit fast zwangsläufig alle sozialen Kontakte schwer gestört werden. Die erwähnte Fernüberwachung kann andererseits noch tiefer in den geschützten Kernbereich privaten Verhaltens eindringen, der jedem Menschen zusteht und der gerade auch im Strafvollzug strikt respektiert werden muß.

Eine einfache Lösung gibt es in diesem Bereich nicht, und vieles wird von der detaillierten Ausgestaltung eines solchen Verfahrens abhängen.

3.9   Risiken bei mehreren TEMEX-Anwendungen

In den vorstehenden Abschnitten wurden für einige TEMEX-Anwendungen typische Risiken aufgezeigt. Die Darstellung ging dabei von den Besonderheiten der einzelnen Anwendung aus, und konzentrierte sich auf die jeweiligen Hauptprobleme. Grundsätzlich können bei jeder TEMEX-Anwendung aber alle genannten Risiken mehr oder weniger stark auftreten.

Technisch können in einem Haushalt auch mehrere TEMEX-Anwendungen parallel betrieben werden, sei es indem mehrere Schnittstellen eingerichtet werden oder indem eine Schnittstelle mehrfach genutzt wird. Sofern nicht ausgeschlossen werden kann, daß die Daten aus verschiedenen TEMEX-Anwendungen zusammengeführt und miteinander verknüpft werden, potenzieren sich die genannten Risiken. Eine solche Zusammenführung erscheint im Bereich der Post grundsätzlich möglich, vorausgesetzt, die Post kann die mittels TEMEX übertragenen Daten richtig interpretieren.

Dieser Gefahr kann man wirksam dadurch begegnen, daß die zu übertragenden Daten kryptographisch verschlüsselt werden (vgl. Kapitel 6 und Kapitel 8). Außerdem müßten bei bestimmten Anwendungen (z.B. Notrufsysteme) neben den eigentlichen Meldungen auch nichtssagende Daten (Dummy-Meldungen) in unregelmäßigen Abständen gesendet werden, die sich äußerlich nicht von einer echten Alarmmeldung unterscheiden. Damit ist dieses Risiko technisch sehr viel leichter in den Griff zu bekommen, als die Risiken, die bei den einzelnen TEMEX-Anbietern liegen. Voraussetzung ist allerdings, daß dies politisch gewollt wird und entsprechende Regelungen vereinbart werden.

4

TEMEX und das allgemeine Recht

4.1 Vorbemerkungen

TEMEX steht als neue technische Anwendung selbstverständlich von vornherein in einem Rechtsrahmen, ohne daß es hierzu erst spezieller rechtlicher Regelungen bedürfte. Ziel dieses Kapitels ist es, diesen Rahmen aufzuzeigen, um zu prüfen, ob und inwieweit neue Regelungen notwendig oder zumindest angebracht sind.

Der rechtliche Rahmen, in dem TEMEX steht, ist zunächst durch die Verfassung vorgegeben, die sowohl unmittelbar geltende Vorschriften für staatliche Stellen (z.B. Fernmeldegeheimnis) enthält, als auch mittelbar geltende Wertentscheidungen, die durch einfache Gesetze auszufüllen, bzw. bei der Auslegung des einfachen Rechts zu beachten sind. Die Untersuchung des verfassungsrechtlichen Rahmens steht daher am Anfang, obgleich hier eindeutige rechtliche Lösungen am wenigsten zu erwarten sind. Vielmehr wird es darum gehen, den Spielraum aufzuzeigen, den die Verfassung für rechtliche Lösungen bereitstellt.

Da es sich bei TEMEX um eine Form der Datenverarbeitung (im technischen Sinne verstanden) handelt, die sich in den für das Persönlichkeitsrecht problematischen Fällen auf personenbezogene Daten (d.h. auf Daten, die sich auf eine bestimmte oder bestimmbare natürliche Person beziehen)

erstreckt, liegt es nahe, die Geltung und die
Folgen der Datenschutzgesetze des Bundes und der
Länder zu betrachten. Allerdings ist hierbei zu
beachten, daß die Datenschutzgesetze durchweg als
"Auffanggesetze" konzipiert wurden, denen spezielle Rechtsvorschriften in jedem Fall vorgehen.
Da derartige spezielle Rechtsvorschriften jedoch
keineswegs für alle konkret erkennbaren oder in
Zukunft möglichen TEMEX-Anwendungen vorliegen,
erscheint es gerechtfertigt, die allgemeinen Regelungen der Datenschutzgesetze zuerst zu untersuchen; denn diesen Regelungen kommt ja gerade
die Bedeutung zu, für neue technische Anwendungen
von vornherein eine gewissen rechtlichen Rahmen
zum Schutz der Persönlichkeitsrechte bereitzu-
stellen.

Soweit einzelne Datenschutzgesetze der Länder,
die in jüngster Zeit novelliert wurden, bereits
spezielle Vorschriften für Fernmeß- und Fernwirkdienste enthalten, werden diese erst im
nächsten Kapitel zusammen mit den spezifischen
Vorschriften der Telekommunikationsordnung (TKO)
und weiteren Lösungsvorschlägen, die sich derzeit
in der Diskussion befinden, untersucht.

Aufgabe der Datenschutzgesetze ist es in erster
Linie, die Zulässigkeit bestimmter Datenverar-
beitungsvorgänge zu regeln und die Bedingungen
festzulegen, unter denen sich diese zu vollziehen
hat. Die rechtliche Absicherung der Einhaltung
dieser Vorschriften ist dann Aufgabe des Straf-
rechts und haftungsrechtlicher Vorschriften, die
anschließend untersucht werden sollen.

4.2 Wirkung der Grundrechte der Verfassung

4.2.1 Artikel 1 GG: Schutz der Menschenwürde

Art. 1 Abs. 1 Grundgesetz bestimmt:

> "Die Würde des Menschen ist unantastbar. Sie zu achten und zu schützen ist Verpflichtung aller staatlicher Gewalt."

Der Begriff der Menschenwürde ist dabei ein vielfältig wirksamer Oberbegriff, der alles umfaßt, was die Persönlichkeit des Menschen ausmacht. Hierzu gehört insbesondere die Existenz und Garantie eines "privaten Bereichs", wozu beispielsweise BENDA ausführt[1]:

> "... heute wird ... erkannt, daß um der Menschenwürde willen der gesamte private Bereich (nicht nur der Intimbereich) gegen die immer verfeinerten technischen Möglichkeiten seiner Verletzung zu schützen ist."

Der Konkretisierung des Schutzes dieses privaten Bereiches dienen weitere Grundrechte, wie Art. 10 (Post- und Fernmeldegeheimnis) und Art. 13 GG (Unverletzlichkeit der Wohnung), sowie das vom Bundesverfassungsgericht aus Art. 1 in Verbindung

---

[1] Benda, Ernst in Handbuch des Verfassungsrecht, a.a.O, S.120

mit Art. 2 GG abgeleitet "Recht auf informationelle Selbstbestimmung", deren Bedeutung für
TEMEX weiter unten untersucht werden soll.

Daneben sind jedoch auch Fälle denkbar, in denen
eine TEMEX-Anwendung die Menschenwürde in unmittelbarer Weise, d.h. nicht durch die Verletzung anderer Grundrechte bzw. Menschenrechte,
tangiert: Die Menschenwürde kann beispielsweise
dadurch verletzt werden, daß der Mensch körper-
lich Teil einer Maschine wird, die von außen kon-
trolliert oder gesteuert wird. Es geht hier also
nicht um den "Datenschatten" eines Menschen, der
in seinem privaten Bereich unzulässig überwacht
wird, sondern um eine unmittelbare körperliche
Beeinflussung, wie sie bei TEMEX-Anwendungen im
medizinischen Bereich oder beim Strafvollzug
grundsätzlich möglich erscheint[2].

Es handelt sich zumindest im medizinischen Bereich nicht um ein grundsätzlich neues Problem,
sondern um Anwendungen, die in der Intensivmedizin teilweise bereits genutzt werden. Neu ist
lediglich, daß der mögliche Anwendungsbereich auf
Patienten ausgedehnt wird, die keiner stationären
Behandlung bedürfen, und daß ein unmittelbarer
Kontakt zwischen Arzt und Patient nicht mehr
besteht. Im übrigen stellen sich die bereits von
der Intensivmedizin her bekannten ethischen Fragen.

Die Menschenwürde kann bei derartigen Anwendung
verletzt werden, aber selbstverständlich stellt
nicht jede solche Anwendung automatisch eine Verletzung der Menschenwürde dar. Die Menschenwürde
umfaßt den Kernbereich menschlichen Lebens, der
auch mit Einwilligung des Betroffenen nicht ange-
tastet werden darf. Es sind jedoch zahlreiche Anwendungen denkbar, die diese Schranke nicht be-

---

[2]   vgl. Kapitel 3 über die Implantierung von
Sensoren und medizinischen Geräten in den
Körper des Patienten, die über TEMEX
angesprochen werden können

rühren und in denen eine Einwilligung durchaus in Frage kommt, weil der Patient gerade durch die oben skizziert Fernüberwachung und Fernversorgung ein freieres und sichereres Leben führen kann. Er wird daher vielleicht gerne und in vollem Bewußtsein der dadurch entstehenden Abhängigkeit und der damit unvermeidlich verbundenen Risiken in diese TEMEX-Anwendung einwilligen. Es wäre nicht vertretbar, aus allgemeinen ethischen Bedenken heraus ("der Mensch darf nicht Teil einer Maschine werden") die Handlungsfreiheit des einzelnen in dieser Hinsicht zu beschränken.

Allerdings ergeben sich aus der Verfassung Grenzen, die nicht überschritten werden dürfen. Das BVerfG hat in einer Entscheidung[3] hinsichtlich der dem Staat erlaubten Beschränkung der Handlungsfreiheit das Kriterium aufgestellt, "daß die Eigenständigkeit der Person gewahrt bleibt."

Diese Grenze ist damit zwar zunächst nur dem Staat unmittelbar gesetzt; doch zumindest in den Bereichen, in denen der einzelne von Organisationen und gesellschaftlichen Einrichtungen abhängig ist, auf die er keinen unmittelbaren Einfluß mehr hat, sind die gleichen Grundprinzipien zu beachten. HESSE schreibt hierzu beispielsweise[4]:

> "Es kennzeichnet die neuere Entwicklung, ... daß also aus den Grundrechten eine staatliche Schutzpflicht hergeleitet wird."

Insbesondere Art. 1 Abs. 1 Satz 2 GG enthält eine solche Verpflichtung des Staates, die Menschenwürde aktiv zu schützen. BENDA[5] führt hierzu aus:

---

[3] BVerfGE 4,7
[4] Hesse, Konrad: in Handbuch des Verfassungsrecht, a.a.O., Seite 103
[5] Benda, Ernst: a.a.O., Seite 116

> "Er muß also ihren Bedrohungen dort
> entgegentreten, wo sie unter den sich
> ändernden Verhältnissen jeweils ent-
> stehen".

Das bedeutet, daß der Staat insoweit auch regelnd in den Bereich des privaten Rechts eingreifen muß. Aus dieser Schutzpflicht zur Wahrung der Eigenständigkeit der Person lassen sich folgende unverzichtbaren Forderungen ableiten:

- Eine TEMEX-Anwendung, die eine unmittelbare Überwachung oder Steuerung körperlicher Vorgänge ermöglicht, ist nur mit Einwilligung des Betroffenen erlaubt. An die vorherige Aufklärung des Betroffenen sind hohe Anforderungen zu stellen. Sie muß sich insbesondere auch auf die Frage erstrecken, ob ein steuernder Eingriff ohne unmittelbares ärztliches Handeln (d.h. programmgesteuert) möglich und vorgesehen ist. Eine Einwilligung durch den gesetzlichen Vertreter kommt nur in solchen Fällen in Betracht, in denen die Vorteile für den Betroffenen unstrittig sind und deutlich überwiegen (z.B. Einstellung von Insulinwerten bei Kindern). Insbesondere dann, wenn der Betroffene zu einer wirksamen Einwilligung wegen geistiger Behinderung nicht in der Lage ist, ist jedoch größte Zurückhaltung geboten, um das Schreckbild eines "ferngesteuerten Idioten" nicht Wirklichkeit werden zu lassen.

- Der Betroffene muß jederzeit die rechtliche und tatsächliche Möglichkeit haben, die TEMEX-Verbindung zu unterbrechen. Dies bedeutet auch, daß die medizinische Anwendung so gestaltet werden muß, daß durch die Unterbrechung der TEMEX-Verbindung keine gesundheitlichen Nachteile entstehen, soweit sie nicht auch ohne TEMEX-Anwendung vorhanden wären.

-    Über TEMEX dürfen keine Einwirkungen auf den Körper oder die Psyche des Betroffenen vorgenommen werden, die eine Beeinflussung seines freien Willens zum Ziel haben (z.B. Freisetzung von Psychopharmaka, unmittelbare Einwirkungen auf das Gehirn)[6].

Diese Anforderungen sind Mindestanforderungen, jenseits derer die Menschenwürde sicher tangiert wäre. Jede einzelne medizinische Anwendung bedarf jedoch zusätzlich einer sorgfältigen ethischen Einzelfallprüfung. Ähnliche Anwendungen zu anderen als ärztlichen Zwecken wären mit der Menschenwürde in aller Regel nicht zu vereinbaren. Eine mögliche Ausnahme könnte der Bereich der wissenschaftlichen Forschung sein, soweit hiermit keine invasiven Eingriffe verbunden sind und im übrigen die oben genannten Forderungen ebenfalls beachtet werden.

Selbstverständlich sind bei solchen kritischen medizinischen Anwendungen zahlreiche weitere Anforderungen zu beachten (insbesondere hinsichtlich der technischen Sicherheit und Zuverlässigkeit). Diese sind jedoch nicht mehr unmittelbar durch Art. 1 GG bedingt bzw. werden unter 4.2.2 (Recht auf informationelle Selbstbestimmung) behandelt.

---

[6]   Hinsichtlich möglicher Nebenwirkungen von Eingriffen kann dies natürlich nicht absolut gefordert werden. Der Betroffene muß hierüber jedoch vorher aufgeklärt werden.

4.2.2   Das Recht auf informationelle Selbstbestimmung

Das BVerfG hat im Urteil vom 15.12.1983 (Volkszählungsurteil)[7] für die Erhebung und Verarbeitung von persönlichen Daten aus Art.2 Abs.1 in Verbindung mit Art.1 Abs.1 GG das "Recht auf informationelle Selbstbestimmung" abgeleitet und dadurch die Wirkung des "allgemeinen Persönlichkeitsrechts" unter den Bedingungen der modernen Datenverarbeitung konkretisiert. Dieses Recht gewährleistet die Befugnis des einzelnen, "grundsätzlich selbst über die Preisgabe und Verwendung seiner persönlichen Daten zu bestimmen". Dieses Recht darf nur eingeschränkt werden

-    im überwiegenden Allgemeininteresse,

-    durch eine (verfassungsmäßige) gesetzliche Regelung, die dem Gebot der Normenklarheit entsprechen muß,

-    unter Beachtung des Grundsatzes der Verhältnismäßigkeit und

-    unter Festlegung von organisatorischen und verfahrensrechtlichen Vorkehrungen, welche der Gefahr einer Verletzung des Persönlichkeitsrechts entgegenwirken.

Sofern Daten für andere als statistische Zwecke erhoben oder verwendet werden, ist zudem eine enge und konkrete Zweckbindung der Daten erforderlich.

Für TEMEX-Anwendungen durch **staatliche Stellen,** mit denen Angaben über persönliche oder sachliche

---

[7]   BVerfGE 65,1

Verhältnisse einer bestimmten oder bestimmbaren Person erfaßt werden sollen, sind die Grundsätze des Urteils unmittelbar anzuwenden. Dies gilt in der Regel auch, soweit aus den mittels TEMEX erfaßten Daten lediglich Rückschlüsse auf die Einzelperson möglich sind, falls diese Rückschlüsse im Hinblick auf das Persönlichkeitsrecht nicht offenkundig unbedeutend sind. Dies ergibt sich aus dem Schutzzweck des Rechts auf informationelle Selbstbestimmung. Z.B. wäre die Einführung einer TEMEX-überwachten Leckanzeige für private Heizöltanks im Hinblick auf das Persönlichkeitsrecht wohl unbedenklich, nicht aber eine Immissions-Überwachung privater Heizanlagen mittels TEMEX, soweit hierbei aus einer kontinuierlichen Meßdatenerfassung Rückschlüsse auf das Heizverhalten gezogen werden können.

Konkret bedeutet dies, daß in den genannten Grenzen eine TEMEX-Anwendung durch staatliche Stellen entweder auf freiwilliger Grundlage[8] (d.h. mit dem Einverständnis des Betroffenen) durchgeführt wird oder daß es hierzu einer förmlichen gesetzlichen Grundlage bedarf, die den Anforderungen des BVerfG entspricht.

Dies soll am Beispiel von Immissions-Meßungen über TEMEX im Bereich privater Haushalte erläutert werden:

Solche Messungen sind zunächst auf freiwilliger Grundlage (z.B. um statistische Aussagen über den Zusammenhang zwischen Heizverhalten und Umweltbelastung zu erhalten) in beliebiger Häufigkeit und Intensität zulässig, soweit dies in der recht-

---

[8]   Auch eine Erhebung von Daten auf freiwilliger Grundlage ist nur zulässig, soweit eine gesetzliche Befugnis hierzu besteht. D.h. die Aufgabe, für deren Erfüllung die Daten benötigt werden, muß der Behörde gesetzlich zugewiesen sein und die Erhebung von Daten zu diesem Zweck muß gesetzlich explizit erlaubt sein.

mäßigen Zuständigkeit der Behörde liegt, ein Gesetz die Erhebung solcher Daten erlaubt und der Betroffene dem zugestimmt hat. Die Zustimmung muß dabei auch die beabsichtigte Verwendung der Daten (z.B. hinsichtlich einer Weitergabe der Daten) hinreichend präzise abdecken und ist in dieser Hinsicht bindend.

Daneben kommt aber auch eine gesetzliche Regelung in Betracht, die eine TEMEX-Überwachung privater Heizanlagen verbindlich vorschreibt. Denn unzweifelhaft besteht an einer Begrenzung umweltschädlicher Emissionen ein erhebliches Allgemeininteresse, hinter dem das Recht des einzelnen auf informationelle Selbstbestimmung zurücktreten muß. Das geltende Bundesimmissionsschutzgesetz (BImSchG) wird den Anforderungen, die das BVerfG an jede Einschränkung des Rechts auf informationelle Selbstbestimmung stellt, jedoch noch nicht so gerecht, daß eine entsprechende TEMEX-Anwendung auf Grundlage dieses Gesetzes zulässig wäre:

Bei privaten Heizanlagen handelt es sich in aller Regel um nicht genehmigungsbedürftige Anlagen im Sinne des Gesetzes. Für solche Anlagen sieht s 23 BImSchG vor:

> "Die Bundesregierung wird ermächtigt, ... durch Rechtsverordnung ... vorzuschreiben, daß ... die Betreiber von Anlagen Messungen von Emissionen und Immissionen nach in der Rechtsverordnung näher zu bestimmenden Verfahren vorzunehmen haben oder von einer in der Rechtsverordnung zu bestimmenden Stelle vornehmen lassen müssen."

s 23 Abs.2 BImSchG ermöglicht die Weiterübertragung der Verordnungsermächtigung auf Landesregierungen und oberste Landesbehörden, soweit die Bundesregierung von der Ermächtigung keinen Gebrauch macht. Weiter sieht s 29 Abs.2 BImSchG vor:

> "Die zuständige Behörde kann bei
> nicht genehmigungsbedürftigen Anlagen
> ... anordnen, daß statt durch Einzel-
> messungen ... bestimmte Emissionen
> oder Immissionen unter Verwendung
> aufzeichnender Meßgeräte fortlaufend
> ermittelt werden, wenn dies zur Fest-
> stellung erforderlich, ob durch die
> Anlage schädliche Umwelteinwirkungen
> hervorgerufen werden."

Und in § 31 BImSchG wird schließlich bestimmt:

> "Der Betreiber der Anlage hat das Er-
> gebnis ... der zuständigen Behörde
> auf Verlangen mitzuteilen ... Die zu-
> ständige Behörde kann die Art der
> Übermittlung der Meßergebnisse vor-
> schreiben."

Damit legt das BImSchG die Entscheidung über eine mögliche TEMEX-Überwachung von Emissionen und Immissionen in privaten Haushalten letztlich in die Hand einer Behörde.

Dies erscheint nach dem Volkszählungsurteil des BVerfG nicht zulässig. Denn nach diesem Urteil ist es Aufgabe des Gesetzgebers (Parlamentsvorbehalt), die gebotene Abwägung zwischen dem Allgemeininteresse und dem Recht auf informationelle Selbstbestimmung[9] in verfassungsmäßiger Weise vorzunehmen. Hierzu gehört insbesondere die präzise Festlegung der zu erfassenden Daten und der Verwendungszwecke (Normenklarheit), die Beachtung

---

[9] sowie in diesem Fall auch mit Art. 13 GG

des Grundsatzes der Verhältnismäßigkeit[10] sowie
die Festlegung geeigneter organisatorischer und
verfahrensrechtlicher Vorschriften, die der Gefahr einer Verletzung des Persönlichkeitsrechts
entgegenwirken. Hieran fehlt es bisher im geltenden BImSchG, da bei dessen Verabschiedung möglicherweise die Gefahren einer Auswirkung auf das
Persönlichkeitsrecht noch nicht gesehen wurden.
Denn erst TEMEX bietet in kostengünstiger Weise
die Möglichkeit der kontinuierlichen Überwachung
von Anlagen im Bereich privater Haushalte. Die
Ausdehnung von Umweltmessungen in den häuslichen
Bereich ermöglicht aber immer auch Rückschlüsse
auf privates Verhalten (z.B. Heizgewohnheiten).

Damit soll in keiner Weise gegen derartige TEMEX-
Anwendungen plädiert werden. Immerhin tragen private Heizanlagen zu einem erheblichen Teil zur
Luftbelastung mit Schadstoffen bei. Aber der Gesetzgeber darf seine Befugnisse zur Beschränkung
des Rechts auf informationelle Selbstbestimmung
nicht einfach auf eine Behörde übertragen, sondern er muß die wesentlichen Einzelheiten unter
Beachtung aller relevanten Gesichtspunkte selbst
regeln. Die TEMEX-Nutzung zum Zwecke des Immis-
sionsschutzes im Bereich privater Haushalte würde
daher eine Änderung des BImSchG erfordern.

Das Recht auf informationelle Selbstbestimmung
ist von allen staatlichen Stellen und damit insbesondere auch von der Deutschen Bundespost zu
achten. Damit erhebt sich die Frage, ob die Post
berechtigt war, einen Dienst wie TEMEX auf dem
Verordnungswege einzuführen, oder ob es hierzu
eines förmlichen Gesetzes bedurft hätte. Die Be-
antwortung dieser Frage ist vielschichtig, da
hierbei auch verwaltungsrechtliche und postrecht-

---

[10]   z.B. die Klärung der Frage, ob zur Errei-
         chung des Gesetzeszweckes auch die bloße
         Überwachung der Einhaltung festgelegter
         Grenzwerte für Emissionen ausreicht, oder ob
         eine kontinuierliche Messung erforderlich
         ist.

liche Fragen berührt werden, die an dieser Stelle nicht weiter untersucht werden sollen. Im Hinblick auf das informationelle Selbstbestimmungsrecht besteht ein Parlamentsvorbehalt hinsichtlich der Einführung von TEMEX als Datenübertragungsnetz jedoch nicht: Denn die bloße Bereitstellung einer Möglichkeit zur Datenübertragung über das Telefonnetz (in der für TEMEX spezifizierten Weise) ist zunächst nicht in der Lage, das informationelle Selbstbestimmungsrecht des einzelnen zu beeinträchtigen. Bereits ein Blick auf die vielfältigen Anwendungsmöglichkeiten von TEMEX im industriellen Bereich und auf anderen Gebieten, die das Persönlichkeitsrecht nicht entfernt berühren, zeigt, daß TEMEX keineswegs notwendig in Grundrechte eingreift. Dies ist vielmehr nur für **bestimmte TEMEX-Anwendungen** der Fall.

Für diese TEMEX-Anwendungen gelten die obigen Ausführungen zum Recht auf informationelle Selbstbestimmung, zumindest soweit sie von staatlichen Stellen betrieben werden sollen. Die Beurteilung der Zulässigkeit derartiger Anwendungen und die Festlegung detaillierter Verarbeitungsbedingungen und Schutzvorkehrungen ist von der Spezifikation des TEMEX-Netzes jedoch nur insoweit abhängig, als hierdurch eine Grenze für das derzeit technisch Mögliche gezogen wird. Rückwirkungen auf die TEMEX-Netzspezifikationen sind hierbei durchaus möglich und vermutlich sogar wahrscheinlich (vgl. beispielsweise die Vorschläge für eine anonyme Verbrauchsdatenerfassung in Kapitel 6). Sie gehen jedoch nur in eine Richtung: D.h. die Zulässigkeit einer bestimmten TEMEX-Anwendung kann durchaus davon abhängen, welche Sicherungsvorkehrungen das TEMEX-Netz bereitstellt; umgekehrt kann jedoch eine unzulässige Datenerfassung nicht durch die Existenz von TEMEX oder durch bestimmte Netzspezifikationen zulässig werden.

Natürlich gibt es die ständige Versuchung, das technisch Mögliche auch zu realisieren und damit "Sachzwänge" zu erzeugen, an denen der Gesetzgeber und der Einzelne nicht mehr vorbei gehen können. Dem wurde aber nicht zuletzt durch das Urteil des BVerfG Einhalt geboten, das die sorgfältige Prüfung in jedem einzelnen Anwendungsfall verlangt. Eine vorbeugende Schranke für die Entwicklung neuer Techniken kann hieraus jedoch nicht abgeleitet werden.

Das derzeitige Angebot der Post beschränkt sich aber nicht auf die Bereitstellung eines TEMEX-Netzes, sondern umfaßt auch einzelne Dienstleistungen (z.B. Sammelabfrage, Zwischenspeicherung von Daten). Hierbei wird die Post - als Anbieter eines Mehrwertdienstes - direkt an bestimmten TEMEX-Anwendungen beteiligt. Soweit hierdurch das Recht auf informationelle Selbstbestimmung beschränkt wird, gilt der vom BVerfG aufgestellte Parlamentsvorbehalt.

Dies könnte beispielsweise bei der Übernahme eines Sammelabfrageauftrags von Meßgeräten in privaten Haushalten der Fall sein, wenn die Auftragserteilung einseitig vom Anwendungsanbieter vorgenommen werden kann. Hier besteht die Möglichkeit, daß die Post aktiv (wissentlich oder unwissentlich) zum Komplizen bei der Verletzung des Rechts auf informationelle Selbstbestimmung wird[11]. Eine präzise gesetzliche Regelung ist allerdings nur dann nötig, wenn das Recht auf informationelle Selbstbestimmung **eingeschränkt** wird. Wird die informationelle Selbstbestimmung hingegen durch geeignete Maßnahmen gewahrt[12], ist eine gesetzliche Regelung nicht erforderlich. Die Post ist allerdings verpflichtet, die notwendigen

---

[11]   vgl. die Untersuchung der Regelungen der TKO in Kapitel 5

[12]   z.B. indem die Post in dem genannten Fall auch vom privaten Kunden die Einwilligung zur Durchführung der Sammelabfrage einholt

Rechtsvorschriften zu erlassen und die erforderlichen tatsächlichen Vorkehrungen zu treffen, um eine Beeinträchtigung des Rechts auf informationelle Selbstbestimmung zu verhindern.

Anders zu beurteilen ist der Fall, daß die Wahrnehmung des Rechts auf informationelle Selbstbestimmung, die ja auch das Recht umfaßt, einer bestimmten Datenerfassung oder -verarbeitung zu widersprechen, durch faktische Zwänge weitgehend außer Kraft gesetzt wird. Dies wäre beispielsweise dann gegeben, wenn die Verweigerung der Einwilligung zur Folge hätte, daß der Betroffene von wesentlichen, gesellschaftlichen Diensten ausgeschlossen wäre oder erhebliche Nachteile in Kauf nehmen müßte. Der normale Telefonanschluß ist heute sicher in diesem Bereich anzusiedeln. Hier wird es wiederum Aufgabe des Gesetzgebers sein, diese Bereiche verfassungskonform zu regeln.

In engem Zusammenhang hiermit steht auch die Frage der "Drittwirkung" des Rechts auf informationelle Selbstbestimmung. Dieses Recht gehört sicher zu dem im Grundrechtsabschnitt des Grundgesetzes enthaltenen Wertesystem von dem das BVerfG sagt[13]:

> "Dieses Wertesystem, das seinen Mittelpunkt in der innerhalb der sozialen Gemeinschaft sich frei entfaltenden menschlichen Persönlichkeit und ihrer Würde findet, muß als verfassungsrechtliche Grundentscheidung für alle Bereiche des Rechts gelten. ... Der Rechtsprechung bieten sich zur Realisierung dieses Einflusses (des Verfassungsrechts) vor allem die 'Generalklauseln' (der allgemeinen Gesetze) ..."

---

[13]   BVerfGE 7,198, Seite 205/206

Diese mittelbare Wirkung wird bei der Interpretation der einfachrechtlichen Vorschriften (z.B. des BDSG) zu beachten sein. Eine unmittelbare Drittwirkung wird demgegenüber fast durchweg abgelehnt. Allerdings folgt aus der mittelbaren Drittwirkung auch die Pflicht des Gesetzgebers, zumindest in den Bereichen, in denen sich ernsthafte Gefahren für die informationelle Selbstbestimmung ergeben, rechtliche Regelung auch für die Beziehungen zwischen Privaten zu treffen. Dies gilt insbesondere dort, wo starke faktische Abhängigkeiten im gesellschaftlichen Bereich entstehen. Dies ist aber Aufgabe einfachgesetzlicher Regelungen.

4.2.3 Art. 10 GG: Post- und Fernmeldegeheimnis

Art.10 Abs.1 Grundgesetz bestimmt:

> "Das Briefgeheimnis sowie das Post- und Fernmeldegeheimnis sind unverletzlich."

Geschütztes Rechtsgut beim Fernmeldegeheimnis ist dabei sowohl der Inhalt von Nachrichten, die mittels Fernmeldeanlagen übertragen werden, als auch die näheren Umstände einer solchen Nachrichtenübermittlung (Absender, Empfänger, Zeitpunkt oder Häufigkeit von Nachrichtenübermittlungen, Länge der Nachrichten, Nichtstattfinden einer Nachrichtenübermittlung etc.).

Es erscheint unzweifelhaft, daß TEMEX dem Fernmeldegeheimnis unterliegt. So hat das BVerfG in seinem Beschluß vom 12.10.1977 (Direktrufentscheidung)[14] in den Leitsätzen festgestellt:

> "Der Begriff der Fernmeldeanlage umfaßt nicht nur die bei der Entstehung des Fernmeldeanlagengesetzes bekannten Arten der Nachrichtenübertragung, sondern auch neuartige Übertragungstechniken, sofern es sich um körperlose Übertragung von Nachrichten in der Weise handelt, daß diese am Empfangsort 'wiedergegeben' werden. Demgemäß gehört zum 'Fernmeldewesen' auch die digitale Nachrichtenübertragung."

---

[14]   BVerfGE 46,120

Besondere Bedeutung hat das Fernmeldegeheimnis
bei TEMEX für die "Verbindungsdaten", denn häufig
liegt die interessante Information gar nicht im
Inhalt des "Fernwirk-Telegramms" sondern in der
Tatsache, daß zwischen zwei Teilnehmern überhaupt
eine TEMEX-Verbindung besteht und welcher Art
diese Verbindung ist (Zweck, Schnittstellenspezi-
fikation). Dabei treten sowohl "dynamische Verbindungsdaten" (Häufigkeit der TEMEX-Nutzung) als
auch "statische Verbindungsdaten" (TEMEX-Anschluß
zu einem bestimmten Dienstanbieter auf). Wenn
teilweise argumentiert wird[15], daß sich das (besonders im Hinblick auf ISDN relevante) Problem
der Verbindungsdaten bei TEMEX gar nicht stelle,
da festgeschaltete Verbindungen bestehen und nach
monatlich gleichen Pauschalsätzen abgerechnet
werden, verkennt dies das Problem der "statischen
Verbindungsdaten": Wenn bekannt wird, daß eine
Person einen TEMEX-Anschluß zu einer bestimmten
Klinik besitzt, läßt dies weitreichende Schlüsse
auf den Gesundheitszustand zu. Die Situation ist
dabei völlig anders als bei einem herkömmlichen
Telefonanschluß. Denn hier wird es bereits bei
der Einrichtung einer TEMEX-Verbindung notwendig,
der Post zumindest indirekt bestimmte Verhältnisse (im vorstehend genannten Beispiel über die
gesundheitliche Situation) zu offenbaren. Inwieweit dies zulässig ist, bestimmt sich nach anderen Rechtsvorschriften (z.B. ärztliche Schweigepflicht, Sozialgeheimnis). Wesentlich ist jedoch,
daß alle diese Angaben dem Fernmeldegeheimnis unterliegen, das strafrechtlich besonders geschützt
ist.

Die Gewährleistung des Fernmeldegeheimnisses verpflichtet den Staat auch, alles zu unternehmen,
um den Bruch des Fernmeldegeheimnisses durch
Dritte zu verhindern. Angesichts der besonderen
Sensitivität einzelner TEMEX-Anwendungen und der
weitreichenden Möglichkeiten, die Kenntnis von
"statischen Verbindungsdaten" mißbräuchlich zu
verwenden (z.B. Ausspähung geschützter Objekte),

---

[15]   z.B. Schmidt, a.a.O, Seite 32

---

sind diesbezüglich bei TEMEX hohe Anforderungen zu stellen.

Allerdings erstreckt sich der Schutz von Art.10 GG originär nur auf den Bereich der Post. Private Telefonnebenstellenanlagen werden beispielsweise nicht umfaßt[16]. Die Rechtsprechung zu dieser Frage ist sicher kritisch zu betrachten[17], da das Fernmeldegeheimnis unmittelbar dem Schutz der privaten Sphäre dient, die der Staat auch gegenüber ungerechtfertigten Eingriffen durch Dritte zu schützen hat. Angesichts der zunehmend vielfältiger werdenden Möglichkeiten der Nutzung von Fermeldediensten (ISDN) kommt diesem Schutz immer größere Bedeutung zu. Obgleich in dieser Hinsicht auch bei TEMEX ernsthafte Probleme auftreten können (z.B. bei Bewohnern von Altenheimen), handelt es sich jedoch nicht um eine Besonderheit von TEMEX.

Das Fernmeldegeheimnis steht unter einem unbeschränkten Gesetzesvorbehalt, von dem in der Praxis auch vielfältiger Gebrauch gemacht wurde. Einschränkungen des Fernmeldegeheimnisses enthalten zum Beispiel das G10-Gesetz, die Strafprozeßordnung, die Konkursordnung oder die Abgabenordnung. Allen diesen Vorschriften gemeinsam ist jedoch, daß die Einschränkung des Post- und Fernmeldegeheimnisses nicht allgemein, sondern spezifisch hinsichtlich bestimmter dem Geheimnis unterliegender Sachverhalte vorgenommen wird. Die Beschränkung des Fernmeldegeheimnisses kann für TEMEX daher nur dann wirksam werden, wenn und soweit TEMEX unter die spezifischen Sachverhalte der einzelnen Gesetze subsummiert werden kann.

Das G10-Gesetz (Abhörgesetz) bestimmt in § 1 Abs.1, daß unter den dort näher bestimmten Voraussetzungen,

---

[16] z.B. OVG Bremen, 18.12.1979, zitiert nach DuD 1980, Seite 168
[17] vgl. beispielsweise NJW 81,268 ff.

> "die Verfassungsschutzbehörden des
> Bundes und der Länder, das Amt für
> Sicherheit der Bundeswehr und der
> Bundesnachrichtendienst berechtigt
> (sind), dem Brief-, Post- oder Fern-
> meldegeheimnis unterliegende Sendun-
> gen zu öffnen und einzusehen, sowie
> den Fernschreibverkehr mitzulesen,
> den Fernmeldeverkehr abzuhören und
> auf Tonträger aufzunehmen."

Bei TEMEX ist keiner der genannten Sachverhalte
zutreffend, weshalb eine Anwendung des G10-Geset-
zes auf TEMEX unzulässig wäre:

-   Bei TEMEX handelt es sich nicht um eine Sen-
    dung, die man öffnen und einsehen könnte;

-   der Begriff des 'Fernschreibverkehrs' setzt
    eine von einer Person geschriebene Nachricht
    voraus, die (evtl. unter Zuhilfenahme tech-
    nischer Mittel) lesbar gemacht werden kann,
    was für ein "Fernwirk-Telegramm" in aller
    Regel nicht zutreffen dürfte;

-   der Begriff des "Abhörens" des Fernmeldever-
    kehrs setzt ebenfalls voraus, daß der Inhalt
    der Nachricht für einen Menschen hörbar ge-
    macht werden kann, was bei TEMEX ebenfalls
    nicht gegeben ist.

Da freiheitsbeschränkende Gesetze grundsätzlich
eng auszulegen sind, kommt dem Wortlaut des G10-
Gesetzes in der Tat große Bedeutung zu. Bedeutsa-
mer sind aber die sachlichen Unterschiede, die
gegen eine Gleichsetzung von TEMEX mit den im
G10-Gesetz genannten Nachrichtenübertragungsarten
sprechen: Bei Postsendungen, Fernschreiben und
Telefongesprächen handelt es sich durchweg um
Nachrichten, die von einer Person im Rahmen einer
bewußten, zweckgerichteten Handlung geschaffen
wurden. Auch die Verwendung der Postdienste be-
ruht auf dem willentlichen Entschluß des Absen-

ders und erfolgt nicht zwangsläufig. Er trägt damit für die Nachrichtenübertragung auch die volle Verantwortung. Dies ist bei vielen TEMEX-Anwendungen grundsätzlich anders: Der Betroffene hat auf den Inhalt der Nachricht im allgemeinen keinen unmittelbaren Einfluß; er beeininflußt sie vielmehr höchstens mittelbar durch sein Verhalten innerhalb seines geschützten Bereichs (zumindest bei TEMEX-Anwendungen in privaten Haushalten); auch hat er im allgemeinen keinen Einfluß darauf ob und wann eine konkrete Nachrichtenübermittlung tatsächlich stattfindet, da dies von außen gesteuert werden kann. Die Beobachtung des bloßen Verhaltens im geschützten privaten Bereich wird aber - wie auch der Einsatz anderer nachrichtendienstlicher Mittel - durch das G10-Gesetz nicht ermöglicht.

Die Untersuchung der anderen Gesetze (z.B § 100a StPO) zur Beschränkung des Fernmeldegeheimnisses führt zu ähnlichen Ergebnissen. Wollte der Gesetzgeber auch für TEMEX-Anwendungen eine Einschränkung des Fernmeldegeheimnisses vorsehen, müßte dies gesetzlich neu geregelt werden, wobei jedoch wegen der weit größeren Eingriffsintensität (Beobachtung des Verhaltens statt Überwachung des Austausches willentlicher Mitteilungen) im Hinblick auf Art.1 Abs.1 und Art.2 Abs.1 GG enge verfassungsmäßige Grenzen bestehen.

Völlig anders ist die rechtliche Situation aber im Hinblick auf die Möglichkeit der Beschlagnahme von Daten, die über TEMEX erfaßt wurden und dann beim TEMEX-Anbieter gespeichert werden. Die Vorschriften der StPO (§§ 94 ff.) über die Beschlagnahme enthalten keine vergleichbare Einschränkung. Die ohnehin umstrittene und im Bereich von TEMEX besonders problematische Möglichkeit, diese gespeicherten Daten im Rahmen der sog. "Rasterfahndung" einzusetzen bleibt damit bestehen.

4.2.4   Art. 13 GG : Unverletzlichkeit der Wohnung

Art.13 Abs.1 Grundgesetz bestimmt:

> "Die Wohnung ist unverletzlich."

Ebenso wie durch Art.10 GG (Post- und Fernmeldegeheimnis) wird hierdurch das allgemeine Persönlichkeitsrecht konkretisiert. Im Vordergrund steht dabei nicht in erster Linie die Wohnung selbst, sondern die Privatsphäre. MAUNZ[18] drückt dies so aus:

> "Das geschützte Rechtsgut ist im Grunde nicht allein der Wohnraum, sondern eine bestimmte räumliche Privatsphäre. Das Grundrecht könnte also auch so formuliert werden: `Die Freiheit der räumlichen Privatsphäre wird gewährleistet`".

Was dies bedeutet, verdeutlicht PAPPERMANN[19]:

> "Sinn des Art. 13 ist der Schutz eines räumlichen Bezirkes, in dem der einzelne ungestört und unbeobachtet tun und lassen darf, was ihm beliebt."

TEMEX ist dazu in der Lage, in diesen räumlichen Schutzbezirk des einzelnen einzudringen, indem Vorgänge im Bereich der Wohnung von außen wahrgenommen (beobachtet) werden können oder indem

---

[18]   in Maunz-Dühring "Grundgesetz Kommentar", Kommentierung von Art. 13 GG,, Seite 4

[19]   Pappermann, Ernst: in Ingo von Münch (Hrsg.) "Grundgesetz Kommentar", 3.Aufl.1985, S. 596

ferngesteuert in diesen Bereich hineingewirkt
wird. Im Unterschied zu allen bisherigen technischen Einrichtungen, die im Wohnungsbereich üblich sind, wird dabei dem Bewohner keine Aktivität (z.B. Abheben des Telefonhörers) im Einzelfall mehr abverlangt. Dies gilt zumindest in der
Regel. Eine Ausnahme wäre ein Notruf-System, das
eine aktive Auslösung erfordert. Der Bewohner
einer Wohnung wird daher im allgemeinen für das
Funktionieren der Fernmeß- und Fernwirkdienste
gar nicht mehr benötigt. Sein geschützter Bereich
wird nach außen hin geöffnet, ohne daß es hierzu
einer Entscheidung im Einzelfall durch den
Bewohner bedarf. Dies tangiert in fast allen Fällen die Unverletzlichkeit der Wohnung.

Selbstverständlich wird der Bewohner häufig be-
reit sein, dieser Öffnung seines geschützten Bereiches nach außen zuzustimmen. Solange er sich
der Tragweite dieser Zustimmung bewußt ist,
braucht er in dieser Hinsicht keinen zusätzlichen
rechtlichen Schutz. Um die Tragweite seiner Zustimmung allerdings wirklich zu erfassen, bedarf
es angesichts der komplizierten technischen Vorgänge sicher einer besonders sorgfältigen Aufklärung. Dies ist vergleichbar der Situation im medizinischen Bereich, wo ebenfalls häufig die
Einwilligung in eine Körperverletzung durch den
Arzt verlangt wird und die Rechtsprechung hohe
Anforderungen an die ärztliche Aufklärung stellt,
obwohl dort von einem engen Vertrauensverhältnis
zwischen Arzt und Patient ausgegangen wird, das
durch das ärztliche Standesrecht abgesichert ist.

Von einem ähnlich engen Vertrauensverhältnis kann
man bei TEMEX-Anwendungen vielfach aber nicht
ausgehen. Daher müßten die Anforderungen an die
Aufklärung eher noch höher sein, was in der
Praxis kaum erfüllt werden könnte. Alternativ -
und dies wird in Kapitel 7 vorgeschlagen und
näher ausgeführt - ist daran zu denken, ein solches Vertrauensverhältnis dadurch aufzubauen, daß
eine neutrale Instanz das konkrete TEMEX-Verfah-
ren prüft und dem Betroffenen gegenüber die Ein-

haltung der im Rahmen der Aufklärung gegebenen
Zusagen (z.B. Beachtung bestimmter Beschränkungen) garantiert. Damit werden in vertrauenswürdiger Weise die Risiken einer TEMEX-Anwendung
stark eingeschränkt, so daß die Aufklärung als
Voraussetzung zur Einholung der Einwilligung wieder praktikabel wird.

Anders ist die Situation, wenn eine TEMEX-Anwendung ohne Einwilligung des Betroffenen eingeführt
werden soll. In der Praxis sind viele Fälle denkbar, wo im Interesse der Allgemeinheit oder aus
ökonomischen Gründen der Freiwilligkeit grund-
sätzliche oder doch faktische Grenzen gesetzt
sind[20]. Dabei ist zu unterscheiden, ob es sich um
eine staatliche Stelle oder um eine private
Institution handelt, die eine TEMEX-Anwendung auf
diese Weise einführen will.

Art.13 GG bindet unmittelbar nur staatliche Stellen, wozu insbesondere auch der Gesetzgeber gehört. MAUNZ führt hierzu aus[21]:

> "...es dürfen nicht Gesetze erlassen
> werden, die dem Grundrecht widerspre-
> chen, soweit nicht das GG selbst Ein-
> schränkungen zuläßt, vor allem nicht
> Gesetze, die räumliche Privatsphären
> über das in Art. 13 eingeräumte Maß
> hinaus einschränken."

Hinsichtlich der Einschränkungen des Grund-
rechts[22] bestimmt Art.13 Abs.3 Grundgesetz:

> "Eingriffe und Beschränkungen dürfen
> ... nur zur Abwehr einer gemeinen Ge-
> fahr oder einer Lebensgefahr für ein-

---

[20]   d.h. der Betroffene kann bestimmte Dienste
       nicht oder nur unter erheblichen Nachteilen
       in Anspruch nehmen
[21]   Maunz, a.a.O., Seite 10
[22]   soweit es sich nicht um Durchsuchungen han-
       delt, die in Abs.2 geregelt sind

> zelne Personen, auf Grund eines Ge-
> setzes auch zur Verhütung dringender
> Gefahren für die öffentliche Sicher-
> heit und Ordnung ... vorgenommen wer-
> den".

Eine wörtliche und enge Auslegung dieser Vorschrift würde den Bereich, in dem gesetzliche Eingriffe in die Unverletzlichkeit der Wohnung zulässig wären, stark einschränken. Tatsächlich finden sich solche Einschränkungen aber in einer Vielzahl von Gesetzen, wobei keineswegs alle vom Wortlaut des GG gedeckt sind. MAUNZ[23] verweist in dieser Hinsicht darauf, daß auch Grundrechte, die nicht unter einem Gesetzesvorbehalt stehen, eingeschränkt werden können, und führt aus:

> "Soweit überragende Gesichtspunkte des Gemeinwohls es erfordern, steht ein Grundrecht (auch ohne Gesetzesvorbehalt) ... nicht uneinschränkbar im Rechtsgefüge. ... Zwar sind nicht alle ... in einfachen Gesetzen enthaltene Schranken der Wohnungsfreiheit, für sich alleine gesehen, durch überragende Gesichtspunkte des Gemeinwohls gerechtfertigt. Wohl aber ist das allgemeine, normale, geordnete Gemeinschaftsleben, dessen Erhaltung im ganzen als überragend notwendig angesehen werden muß, wichtiger als der Wille eines einzelnen Wohnungsinhabers, der seinen Privatraum gegenüber den unumgänglichen Maßnahmen im Interesse des Gemeinschaftslebens und zur Sicherung der Allgemeinheit abschließen möchte. Daher steht auch der Schornsteinfeger, der gegen den Willen des Wohnungsinhabers die Wohnung betreten darf, unter dem Gemeinwohlvorbehalt."

---

[23] Maunz, a.a.O., Seite 25

Dieser Auslegung, die man sicher auch kritisch
betrachten kann, hat sich die Praxis angeschlossen. Allerdings gewinnt der auch hier anzuwendende Grundsatz der Verhältnismäßigkeit damit eine
noch größere Bedeutung. Dabei ist zu beachten,
daß die Eingriffsintensität bei den derzeitigen
gesetzlichen Einschränkungen der Unverletzlichkeit der Wohnung im allgemeinen eher gering war:
Meist ging es darum, bestimmten Personen das
(kurzfristige) Betreten einer Wohnung zu ermöglichen, um bestimmte, genau spezifizierte Kontrollen durchzuführen. Praktisch nicht bedeutsam
waren hingegen laufende Überwachungen der Vorgänge in einer Wohnung oder heimliche Kontrollen,
wie sie durch TEMEX zumindest technisch möglich
werden. Hier wäre die Intensität des Eingriffs in
den geschützten häuslichen Bereich sehr viel höher, was sicher nicht mehr durch allgemeine Ordnungsüberlegungen gerechtfertigt wäre. Der Gesetzgeber wird sich daher hinsichtlich TEMEX
wieder enger am Wortlaut des Grundgesetzes orientieren müssen, soweit dadurch die Unverletzlichkeit der Wohnung eingeschränkt werden soll. Im
übrigen lassen sich auch aus Art.13, der eine
Spezialnorm hinsichtlich des Persönlichkeitsrechts darstellt, gleichartige Anforderungen an
den Gesetzgeber ableiten, wie dies das BVerfG im
Hinblick auf das Recht auf informationelle
Selbstbestimmung getan hat.

Zwar wird TEMEX fast immer die Unverletzlichkeit
der Wohnung tangieren, doch auch hierbei ist die
Eingriffsintensität abhängig von der konkreten
Anwendung und sehr unterschiedlich. Die obigen
Ausführungen sollten lediglich klarstellen, daß
der Gesetzgeber keinesfalls einfach die TEMEX-
Nutzung anordnen kann, ohne die jeweilige Anwendung konkret zu spezifizieren. Denn erst hieraus kann die tatsächliche Intensität und Reichweite des Eingriffs bestimmt werden. Die Spanne
reicht dabei von minimalen Eingriffen (die z.B.
dem jetzt bestehenden Recht entsprechen, das dem
Beauftragten eines staatlichen Energieversorgungsunternehmens das Betreten der Wohnung zur

Zählerablesung erlaubt) bis hin zur technisch weitgehend möglichen Dauerüberwachung einer Vielzahl von Vorgängen in der Wohnung. Der Grundsatz der Verhältnismäßigkeit verlangt zwingend, daß das jeweils mildeste Mittel gewählt wird, das die Erreichung des angestrebten Zweckes ermöglicht. Dies stellt hohe Anforderungen an den Gesetzgeber, da in starkem Maße Fragen der technischen Realisierung einer Anwendung betroffen sind und der technische Gestaltungsspielraum (zumindest im Bereich der Informationstechnologie) enorm groß ist. Ein Beispiel, das gerade diesen Spielraum verdeutlichen soll, ist in Kapitel 6 beschrieben.

Im privaten Bereich (TEMEX-Anwendungen durch private Organisationen) ist Art.13 GG nach herrschender Meinung nicht anwendbar. PAPPERMANN[24] führt hierzu aus:

> "Art. 13 schützt nicht den Bestand privatrechtlicher Mietverhältnisse. Art. 13 handelt nicht von der Verletzung der Wohnung durch Private; insoweit gibt es nur den strafrechtlichen Schutz nach §§ 123, 124 StGB und den zivilrechtlichen Schutz durch Befugnisse nach §§ 854 ff BGB sowie den Schadenersatzanspruch wegen Verletzung der Wohnung nach § 823 BGB."

Allerdings wird diese Auffassung angesichts der neuen Möglichkeiten zur Verletzung der häuslichen Privatsphäre kritisch zu überprüfen sein. Soweit es nicht um die Rechte der Mieter gegenüber den Wohnungseigentümern geht (und diese Frage stand bisher offensichtlich im Mittelpunkt), die sich ihrerseits auf die Eigentumsgarantie (Art.14 GG) berufen können, oder sachenrechtliche Fragen betroffen sind, ist nicht ersichtlich, weshalb die häusliche Privatsphäre nicht auch gegenüber privaten Dritten umfassend geschützt werden sollte.

---

[24] Pappermann, a.a.O., Seite 598

Auch der BGH[25] hat - obiter dictum - erkennen lassen, daß eine Drittwirkung des Grundrechtes nicht in jedem Fall ausgeschlossen sein muß:

> "Da die Art der Verwendung der (Tonband) Geräte nur an Ort und Stelle festgestellt werden könnte und die Klägerin bereits die Möglichkeit angekündigt hat, die erforderlichen Feststellungen auf Mitteilungen von Wohnungsnachbarn, Portiers usw. hin zu veranlassen, würde hierdurch die Gefahr unangemessener Eingriffe in die Unverletzlichkeit des häuslichen Bereichs heraufbeschworen (Art. 13 GG) ... Die Bedenken, die derartigen Kontrollmaßnahmen innerhalb des Privatbereichs entgegenstehen, können nicht durch die Erwägung ausgeräumt werden, den Gerätebesitzern sei dies als Verletzer urheberrechtlicher Befugnisse zuzumuten. Denn hierbei wird nicht ausreichend bedacht, daß mit diesen Maßnahmen die Gefahr einer erheblichen Störung des Rechtsfriedens auch von Personen verbunden wäre, die an derartigen Rechtsverletzungen unbeteiligt sind."

Im Interesse des Rechtsfriedens wird daher auch im privaten Bereich eine Respektierung des geschützten häuslichen Bereiches zu fordern sein, was die allgemeine Handlungsfreiheit Dritter begrenzt.

Doch auch wenn eine Drittwirkung des Grundrechtes in Art.13 GG abgelehnt wird, ergibt sich für den Staat doch die Pflicht, zur Wahrung des allgemeinen Persönlichkeitsrechts im strafrechtlichen und zivilrechtlichen Bereich geeignete Regelungen, die neu entstehende Gefährdungen berücksichtigen, zu treffen.

---

[25]   BGHZ 42, 118 (131)

4.3 Datenschutzrecht

4.3.1 Anwendbarkeit der Datenschutzgesetze

Das Bundesdatenschutzgesetz (BDSG) hat das Ziel, der Beeinträchtigung schutzwürdiger Belange des Betroffenen entgegenzuwirken, soweit diese durch den Mißbrauch personenbezogener Daten bei der Datenverarbeitung beeinträchtigt werden können[26].

Zentraler Anknüpfungspunkt ist zunächst der Begriff der **personenbezogenen Daten**, dessen Legaldefinition lautet:

> "Im Sinne dieses Gesetzes sind personenbezogene Daten Einzelangaben über persönliche oder sachliche Verhältnisse einer bestimmten oder bestimmbaren natürlichen Person (Betroffener)".(§ 2 Abs.1 BDSG).

Soweit es sich um Daten handelt, die keiner natürlichen Person sachlich oder persönlich zugeordnet werden können, ist das BDSG nicht anwendbar. Dies wird in vielen TEMEX-Anwendungen der Fall sein (z.B. Umweltüberwachung, Steuerung von Anlagen juristischer Personen). In anderen Anwendungen treten jedoch unzweifelhaft personenbezo-

---

[26] Die geplante Novellierung des BDSG stellt den Schutz des Persönlichkeitsrechts in den Mittelpunkt und beschränkt sich nicht mehr nur darauf, einem Mißbrauch entgegenzuwirken. Die folgenden Zitate beziehen sich auf das BDSG in der Fassung vom 1. 2. 1977 (BGBl I Seite 201).

gene Daten auf (z.B. Verbrauchsdatenerfassung, Notrufsysteme). Grenzfälle sind denkbar, wenn es sich um Daten handelt, die nur sehr indirekte Schlüsse auf eine natürliche Person zulassen (z.B. Einbruchsmeldesystem). Im Zweifel wird es darauf ankommen, ob eine TEMEX-Anwendung im direkten Umfeld (z.B. Wohnung) einer natürlichen Person installiert ist, da dann bereits die Tatsache, daß eine bestimmte TEMEX-Anwendung existiert, zu den personenbezogenen Daten gehört.

Das BDSG differenziert nicht zwischen "banalen" und "sensiblen" Daten, da sich dies erst aus dem jeweiligen Verwendungszusammenhang ergibt. Das BVerfG hat dies im Volkszählungsurteil[27] ausdrücklich bestätigt:

> "(es) ... kann nicht allein auf die Art der Angaben abgestellt werden. Entscheidend sind ihre Nutzbarkeit und Verwendungsmöglichkeit. Diese hängt einerseits von dem Zweck, dem die Erhebung dient, und andererseits von den der Informationstechnologie eigenen Verarbeitungs- und Verknüpfungsmöglichkeiten ab. Dadurch kann ein für sich gesehen belangloses Datum einen neuen Stellenwert bekommen; insoweit gibt es unter den Bedingungen der automatischen Datenverarbeitung kein 'belangloses' Datum mehr."

Um personenbezogene Daten handelt es sich auch dann, wenn der Personenbezug sich zwar nicht unmittelbar aus den Daten selbst ergibt, aber durch entsprechendes Zusatzwissen hergestellt werden kann. Insoweit sind auch anonymisierte Daten stets sorgfältig darauf zu untersuchen, ob der Personenbezug wirklich beseitigt wurde oder ob eine Deanonymisierung unter bestimmten Voraussetzungen möglich bleibt. Beispielsweise ist es bei

---

[27]   NJW 1984,422

dem in Kapitel 6 vorgestellten Modell einer anonymen Verbrauchsdatenerfassung möglich, die (anonymen) Meßwerte bestimmten Kunden wieder zuzuordnen, wenn Post und Versorgungsunternehmen zu diesem Zweck zusammenarbeiten (z.B. im Rahmen einer "Rasterfahndung"). Zu schützen sind daher auch anonymisierte Daten, solange diese Möglichkeit nicht ausgeschlossen werden kann, d.h. nicht erst dann, wenn eine Deanonymisierung tatsächlich erfolgt.

Der Geltungsbereich des BDSG beschränkt sich weiter auf den Bereich der **Datenverarbeitung**, worunter das Gesetz die Speicherung, Übermittlung, Veränderung und Löschung von (personenbezogenen) Daten versteht. Für alle diese Phasen der Datenverarbeitung gibt es eine Legaldefinition, die mit dem technischen Sprachgebrauch nicht immer identisch ist.

So handelt es sich bei TEMEX im allgemeinen nicht um eine "Übermittlung" von Daten im Sinne des BDSG. Der Begriff wird im BDSG wie folgt definiert (§ 2 Abs.2 Ziffer 2):

> "Übermitteln (ist) das Bekanntgeben gespeicherter oder durch Datenverarbeitung unmittelbar gewonnener Daten an Dritte in der Weise, daß die Daten durch die speichernde Stelle weitergegeben oder zur Einsichtnahme, namentlich zum Abruf bereitgehalten werden."

Da im Sinne des BDSG weder der Betroffene noch die speichernde Stelle (vgl. § 2 Abs.3 Ziffer 2 BDSG) "Dritte" sind, wird eine übliche TEMEX-Anwendung, bei der es um die Datenübertragung zwischen dem Betroffenen und einer (eventuell) speichernden Stelle geht, den Begriff des Übermittelns nicht erfüllen. Auch für den Fall, daß die Daten nicht unmittelbar übertragen werden, sondern zunächst von der Post gesammelt und zwischengespeichert werden, ändert sich dies nicht,

da die Post hier lediglich im Auftrag der speichernden Stelle tätig wird. Im übrigen setzt der
Übermittlungsbegriff die vorherige Speicherung
der Daten voraus, da auch unter Daten, die unmittelbar durch Datenverarbeitung gewonnen werden,
zu verstehen ist, daß diese aus gespeicherten Daten durch Anwendung von Programmen oder sonstigen
unmittelbaren Verfahren entstehen[28].

Daher kommt es für die Frage, ob eine TEMEX-Anwendung unter das BDSG fällt, entscheidend darauf
an, ob eine "Speicherung" im Sinne des Gesetzes
vorliegt. In § 2 Abs.2 Ziffer 1 BDSG wird
definiert:

> "Speichern (ist) das Erfassen, Auf-
> nehmen oder Aufbewahren von Daten auf
> einem Datenträger zum Zwecke ihrer
> weiteren Verwendung".

Das **Erheben** von personenbezogenen Daten wurde bewußt aus dem Anwendungsbereich des BDSG ausgeklammert, sofern es nicht unmittelbar mit der
Speicherung zusammenfällt[29]. TEMEX ist aber in
erster Linie ein Instrument zur Erhebung bzw. Ge-
winnung von Daten, wobei die weitere Verwendung
der Daten (z.B. Speicherung) noch völlig offen
sein kann. Werden die von TEMEX übertragenen Daten lediglich zur Kenntnis genommen (z.B. Alarmmeldung) findet keine Speicherung statt; auch
wenn die Daten zwar rechnerisch weiterverarbeitet
werden (z.B. zur Auslösung einer Steuerungsak-
tivität) nicht aber auf einen Datenträger aufgezeichnet werden, handelt es sich nicht um eine
Speicherung.

---

[28]   vgl. Auernhammer: Bundesdatenschutzgesetz,
       Berlin, 1977, Seite 30
[29]   Die zu erwartende Novellierung des BDSG hält
       hieran für den privaten Bereich fest und
       wird lediglich im öffentlichen Bereich die
       Erhebung von Daten in den Anwendungsbereich
       des Gesetzes einbeziehen.

Sofern TEMEX jedoch integrierter Teil der Datenspeicherung in der TEMEX-Leitstelle ist, d.h. sofern die über TEMEX ankommenden Daten automatisch auf einen Datenträger aufgezeichnet werden, ist der Begriff des "Speicherns" bereits erfüllt und das BDSG damit anwendbar. Dies kann auch gelten, wenn die Daten zunächst lediglich in der (mit entsprechender Speicherkapazität) ausgestatteten TEMEX-Endeinrichtung zwischengespeichert und erst bei Bedarf von der Zentrale abgerufen werden. Allerdings ist in diesem Fall zweifelhaft, ob die Zwischenspeicherung auf einem Datenträger erfolgt; vom Schutzzweck des BDSG her gesehen, wird man jedoch den Begriff des Datenträgers weit auslegen müssen.

Die Anwendbarkeit des BDSG hängt damit stark von den Einzelheiten der technischen Realisierung einer TEMEX-Anwendung ab. Sie ist nur dann gegeben, wenn TEMEX nicht als eine der Speicherung vorgeschaltete Phase, sondern als Teil der Speicherung selbst betrachtet werden kann. Dieses Ergebnis ist in hohem Maße unbefriedigend, da sich die hinsichtlich der Anwendbarkeit des BDSG entscheidenden technischen Vorgänge in aller Regel außerhalb des Einflußbereiches des Betroffenen abspielen und die Beeinträchtigung des Persönlichkeitsrechts durch Mißbrauch der Daten auch vor bzw. außerhalb der eigentlichen Speicherung erfolgen kann. Das BDSG wird damit der durch TEMEX entstehenden Risikosituation nur ungenügend gerecht.

Nicht zuletzt aus diesen Gründen haben die Landesdatenschutzgesetze von Bremen, Hessen und Nordrhein-Westfalen auch die Erhebung personenbezogener Daten in ihren Anwendungsbereich einbezogen. In diesen Ländern unterliegt daher TEMEX in vollem Umfang den Regelungen der Datenschutzgesetze, die allerdings nur für den öffentlichen Bereich (mit Ausnahme der öffentlichen Stellen des Bundes) gelten. In allen anderen Ländern entspricht der Anwendungsbereich der Datenschutzgesetze dem des BDSG.

Auch die geplante Novellierung des BDSG bezieht die Erhebung der Daten nur für den öffentlichen Bereich in den Geltungsbereich des Gesetzes ein, obgleich vielfach gefordert wurde, dies auch auf den privaten Sektor auszudehnen. Nach dem Volkszählungsurteil des BVerfG, das sich gerade mit der Problematik der Datenerhebung befaßt, erscheint dies - zumindest soweit die Erhebung mit einem technischen Mittel wie TEMEX erfolgt - kaum vertretbar.

4.3.2 Zulässigkeitsvoraussetzungen der Datenschutzgesetze

Allen Datenschutzgesetzen gemeinsam ist der Ansatz, die Verarbeitung personenbezogener Daten, also z.B. die Speicherung solcher Daten, grundsätzlich zu verbieten und nur bei Erfüllung bestimmter Voraussetzungen zu erlauben (Verbot mit Erlaubnisvorbehalt). Im einzelnen nennt das BDSG (und sinngemäß auch alle Landesdatenschutzgesetze) folgende möglichen Zulässigkeitsvoraussetzungen für die Speicherung:

a)   die Einwilligung des Betroffenen

b)   die Erlaubnis durch eine Rechtsvorschrift

c)   "wenn es zur rechtmäßigen Erfüllung der in der Zuständigkeit der speichernden Stelle liegenden Aufgaben erforderlich ist"[30]

d)   wenn es im Rahmen der Zweckbestimmung eines Vertragsverhältnisses oder vertragsähnlichen Vertrauensverhältnisses mit dem Betroffenen liegt[31]

e)   soweit es zur Wahrung berechtigter Interessen der speichernden Stelle erforderlich ist und kein Grund zur Annahme besteht, daß dadurch schutzwürdige Belange des Betroffenen beeinträchtigt werden[32]

---

[30]   sofern die speichernde Stelle eine Behörde oder sonstige öffentliche Stelle ist. (§ 9 Abs.1 BDSG)

[31]   Speicherung durch nichtöffentliche Stellen für eigene Zwecke (§ 23 1. Alternative)

[32]   Speicherung durch nicht-öffentliche Stelle für eigene Zwecke (§ 23 2. Alternative)

f)   wenn kein Grund zur Annahme besteht, daß dadurch schutzwürdige Belange des Betroffenen beeinträchtigt werden[33].

Die Alternativen e) und f) kommen für TEMEX kaum in Betracht, da eine TEMEX-Anwendung im Bereich privater Haushalte wohl immer eine Beeinträchtigung schutzwürdiger Belange des Betroffenen darstellen wird, die nur mit Zustimmung des Betroffenen erlaubt werden kann. Denn hierbei erfolgt ein Durchbrechen des geschützten räumlichen Privatbereichs von außen her (vgl. 4.2.4). Da zu den schutzwürdigen Belangen des Betroffenen auch das Recht auf informationelle Selbstbestimmung gehört, das bei der Auslegung dieses unbestimmten Rechtsbegriffs auch im nichtstaatlichen Bereich herangezogen werden muß, erfordern diese Alternativen in der Praxis ohnehin eine sorgfältige und strenge Rechtsgüterabwägung im Einzelfall.

Auch die weit gefaßte Regelung für öffentliche Stellen (Alternative c)) wird keine unmittelbare Geltung entfalten können, da bei einer zwangsweisen Datenerfassung der vom BVerfG geforderte Parlamtentsvorbehalt (vgl. 4.2.2) zum Tragen kommt und auch bei einer freiwilligen Datenerfassung zusätzlich eine gesetzliche Erlaubnis vorliegen muß.

Hinsichtlich der Alternative b) wird auf die Ausführungen unter 4.2.2 (Grundsatz der Verhältnismäßigkeit, Normenklarheit, Schutzvorkehrungen) verwiesen.

Im privatrechtlichen Bereich sind faktisch nur die Möglichkeiten der **Einwilligung** und der TEMEX-Nutzung im Rahmen der Zweckbestimmung eines **Vertragsverhältnisses** (oder vertragsähnlichen **Vertrauensverhältnisses**) von Relevanz.

---

[33]   Speicherung durch nicht-öffentliche Stellen für fremde Zwecke (s 32 Abs.1 BDSG)

Grundsätzlich kann die Einwilligung des Betroffenen jede Art von TEMEX-Anwendung zulässig
machen.[34] Voraussetzung ist allerdings, daß sich
der Betroffene der Tragweite der Einwilligung bewußt ist, was eine entsprechende Aufklärung vor-
aussetzt. Welche Anforderungen im einzelnen an
die Aufklärung zu stellen sind, hängt stark von
der jeweiligen TEMEX-Anwendung ab. Beispielsweise
wird es bei einer einfachen Leküberwachung eines
Öltanks ausreichen, darüber aufzuklären, unter
welchen Voraussetzungen eine Alarmmeldung abgesetzt wird, wer der Empfänger der Meldung ist und
was im Alarmfall unternommen wird. Je stärker
eine TEMEX-Anwendung in den geschützen räumlichen
Privatbereich vordringt und je vielfältiger die
möglichen Funktionen sind, um so höhere Anforderungen sind an die Aufklärung zu stellen. Beispielsweise können folgende Aspekte hinzu kommen:

- Wie häufig werden Meßdaten übertragen?

- Welche Vorverarbeitung der Daten in der
  TEMEX-Endstelle ist vorgesehen oder möglich?

- Mit welchen sonstigen Daten werden die
  TEMEX-Werte verknüpft?

- An wen werden die TEMEX-Daten gegebenenfalls
  weitergegeben?

- Wie wird die Richtigkeit der Daten sichergestellt und welche Beweismöglichkeiten hat
  der Betroffene?

- Welche aktiven Einwirkungsmöglichkeiten auf
  die angeschlossenen Geräte (Steuerungsfunk-
  tion) besitzt die TEMEX-Leitstelle?

- Können die angeschlossenen Geräte umprogram-
  miert werden?

---

[34] Dies gilt natürlich nur,soweit hierdurch
nicht die Menschenwürde in ihrem Kernbereich
verletzt wird (vgl. 4.2.1).

-    Welche Schäden können im Falle von Fehl-
funktionen entstehen und wer haftet hierfür?

Da es darauf ankommt, daß sich der Betroffene im
Einzelfall ein vollständiges und richtiges Bild
machen kann, ist diese Liste keineswegs abschließend zu verstehen. Ähnlich wie bei der
ärztlichen Aufklärung wird man keine überzogenen
Forderungen stellen können, was äußerst unwahrscheinliche Risiken betrifft. Aber alle Risiken,
die in der Praxis eine Rolle spielen können,
müssen sorgfältig dargestellt werden. Bei jeder
Änderung einer TEMEX-Anwendung ist eine erneute
Aufklärung und die Einholung der Einwilligung
nötig.

Gemäß § 3 BDSG hat die Einwilligung schriftlich
zu erfolgen. Die mögliche Ausnahme ("soweit nicht
wegen besonderer Umstände eine andere Form angemessen ist") wird bei TEMEX kaum Bedeutung erlangen. Weiter wird festgelegt: "wird die Einwilligung zusammen mit anderen Erklärungen
schriftlich erteilt, ist der Betroffene hierauf
schriftlich besonders hinzuweisen". Damit wird
eine Einwilligung, die sich in der Anerkenntnis
allgemeiner Geschäftsbedingungen versteckt, ausgeschlossen. Erklärungen, die nicht die geforderte Schriftform aufweisen, sind nichtig (§ 125
BGB). Auch § 138 BGB (sittenwidriges Rechtsgeschäft) kann zur Nichtigkeit der Einwilligung
führen. Im übrigen besteht für den Betroffenen
die Möglichkeit der Anfechtung seiner Einwilligung, insbesondere auch wegen Irrtumes, falls die
Aufklärung nicht ausreichend und vollständig war

(s 119 BGB)[35]. Die Einwilligung kann ferner jederzeit - mit Wirkung für die Zukunft - frei widerrufen werden.

Bei zahlreichen TEMEX-Anwendungen im häuslichen Bereich wird sich die Frage ergeben, wer eigentlich Betroffener im Sinne des BDSG ist, d.h. welcher Person die Daten konkret zugeordnet werden können. Bei Haushalten, die aus mehreren Personen bestehen, ist im allgemeinen eine in jedem Fall eindeutige Zuordnung nicht möglich. Dies hat jedoch nicht zur Folge, daß in diesem Fall kein Betroffener existiert und die Einwilligung damit entbehrlich wäre, denn es ist keineswegs grundsätzlich ausgeschlossen, daß in bestimmten Fällen eine eindeutige Zuordnung doch möglich ist (z.B. Urlaub eines Teils der Familie). Deshalb ergibt sich hier die Notwendigkeit, von jedem Mitglied des Haushalts bzw. von seinem gesetzlichen Vertreter die Einwilligung einzuholen. Geschäftsfähigkeit ist dabei keine notwendige Voraussetzung, sondern es muß lediglich die nötige Einsichtsfähigkeit und Urteilskraft vorhanden sein[36], weshalb der Einwilligung durch den gesetzlichen Vertreter häufig Grenzen gesetzt sind. Dies wird in der Praxis möglicherweise erhebliche Probleme bereiten.

Die praktischen Schwierigkeiten mit der Einwilligung haben zur Folge, daß vorrangig nach einer Alternative gesucht wird, die das BDSG durch die unter d) genannte Vorschrift bereitstellt. Dem-

---

[35] vgl. hierzu Simitis: in Simitis, Dammann, Mallmann, Reh: "Kommentar zum Bundesdatenschutzgesetz", 1. Auflage, Baden-Baden, 1978, Seite 191 ff. Anderer Ansicht ist z.B. Auernhammer, a.a.O. Seite 39 f., der eine Anfechtung ausschließt, da die Einwilligung keine rechtsgeschäftliche Willenserklärung darstelle.

[36] vgl. Auernhammer, a.a.O., Seite 40; Simitis, a.a.O, Seite 195

nach kann auf die Einwilligung des Betroffenen
verzichtet werden, wenn die Speicherung der Daten
im Rahmen der **Zweckbestimmung eines Vertragsverhältnisses** mit dem Betroffenen liegt. Hier ergibt
sich die Zulässigkeit indirekt aus dem Zweck
eines Vertrages, dem der Betroffene zugestimmt
hat. Da TEMEX-Anwendungen in aller Regel ohnehin
im Rahmen eines Vertragsverhältnisses mit dem Betroffenen stattfinden, das die Erfassung und
Speicherung der Daten nur als Mittel zur Erbringung einer anderen Leistung (z.B. Energieversorgung, Pflegedienst, Fernwartung von Geräten)
beinhaltet, liegt die Anwendung dieser Vorschrift
nahe. Welche Daten im einzelnen gespeichert werden dürfen, ergibt sich entweder aus dem Wortlaut
des Vertrages oder aus der Auslegung des Vertrages nach Treu und Glauben und mit Rücksicht
auf die Verkehrssitte (§ 157 BGB). Bei einer
TEMEX-Anwendung, die in den geschützten häuslichen Bereich eindringt, ergibt sich hieraus die
Notwendigkeit, die beabsichtigte Datenerfassung
und -übertragung hinreichend klar darzulegen, da
andernfalls eine unangemessene Beeinträchtigung
der Interessen des Betroffenen möglich wäre. Damit ergibt sich hinsichtlich der Aufklärungs-
pflichten des TEMEX-Anbieters auch im Falle einer
vertraglichen Regelung kaum etwas anderes als bei
der Einwilligung. Allerdings könnte bei einer
Änderung der Verkehrssitte (d.h. wenn bestimmte
TEMEX-Anwendungen als üblich und adäquat angesehen werden) diesbezüglich eine Erleichterung
eintreten.

Auch im Falle eines Vertragsverhältnisses mit dem
Betroffenen ergibt sich hieraus noch keine Recht-
fertigung, die Daten Dritter, die mit dem Ver-
tragspartner in häuslicher Gemeinschaft leben, zu
speichern. Hierfür ist weiterhin eine gesonderte
Einwilligung erforderlich.

Die Problematik von Einwilligung und datenschutzgerechter Vertragsgestaltung wird im übrigen in
Kapitel 5 weiter erörtert.

4.3.3   Rechte des Betroffenen und sonstige Regelungen

Die Datenschutzgesetze räumen dem Betroffenen eine Reihe von Rechten hinsichtlich der über ihn gespeicherten Daten ein:

Grundlegend ist zunächst das Recht, **Auskunft** über die gespeicherten Daten zu erhalten. Allerdings beschränkt sich dieses Recht auf Daten, die tatsächlich gespeichert wurden. Nicht umfaßt werden damit Daten bei TEMEX, die zwar abgerufen aber nicht oder nicht mehr gespeichert sind. Die Auskunft soll dem Betroffenen ermöglichen, sich ein konkretes und umfassendes Bild von der Datenverarbeitung zu machen. Dies wird bei TEMEX nur unzureichend erreicht, da im Zentrum des Interesses. zunächst steht, welche Daten abgerufen wurden.

Hinsichtlich der weiteren Rechte des Betroffenen (Berichtigung unrichtiger Daten, Sperrung und Löschung) weist TEMEX keine Besonderheiten auf, da sich diese Rechte naturgemäß nur auf gespeicherte Daten erstrecken können.

Auch die übrigen Regelungen der Datenschutzgesetze, die Bedingungen für die weitere Verarbeitung gespeicherter personenbezogener Daten enthalten (z.B. Pflicht zur technischen und organisatorischen Sicherung, Zulässigkeit von Datenveränderung und Datenübermittlung) entfalten ihre Wirkung erst im Anschluß an die TEMEX-Nutzung und sollen daher hier nicht weiter betrachtet werden.

4.3.4   Kontrollzuständigkeit

Ein wesentliches Element der Datenschutzgesetzge-
bung ist die Schaffung von Kontrollinstanzen, die
die Einhaltung der gesetzlichen Vorschriften
sicherzustellen haben.

Für den Bereich der Deutschen Bundespost ist gemäß § 19 BDSG der Bundesbeauftragte für den Datenschutz zuständig. Seiner Kontrolle unterliegt
damit alles, was zwischen der Datenübernahme am
TEMEX-Netzabschluß und der Datenabgabe bei der
TEMEX-Leitstelle (bzw. umgekehrt) mit den Daten
geschieht. Neben der Frage der technischen und
organisatorischen Sicherheitsmaßnahmen gehört
hierzu insbesondere auch jede Form von Datenverarbeitung durch die Post (für eigene Zwecke oder
im Auftrag des TEMEX-Anbieters).

Für den Bereich außerhalb des TEMEX-Netzabschlus-
ses, in dem die datenschutzrechtlich vor allem
relevanten Vorgänge liegen, besitzt der Bundesbe-
auftrage jedoch keine Zuständigkeit, d.h. es ist
ihm ebenso wie der Post selbst verwehrt, die
eigentliche TEMEX-Anwendung zu prüfen und zu beurteilen. Eine Ausnahme besteht nur für den Fall,
daß die TEMEX-Anwendung von einer Behörde oder
sonstigen öffentlichen Stelle des Bundes durchgeführt wird. Für alle sonstigen öffentlichen Stellen sind, soweit diese TEMEX anwenden, die jeweiligen Landes-Datenschutzbeauftragten zuständig.

Außerhalb des öffentlichen Bereichs gibt es zunächst nur die Selbstkontrolle der TEMEX-Anbieter
durch den betrieblichen Datenschutzbeauftragten.
Ergänzt wird dies durch die Möglichkeit des
Betroffenen, die zuständige Aufsichtsbehörde für
den Datenschutz anzurufen, die dann im Einzelfall
entsprechende Prüfungen durchführen kann. Eine
Regelüberwachung durch die Aufsichtsbehörde, wie

sie das BDSG für besonders kritische Bereiche[37] vorsieht, findet jedoch nur statt, wenn die TEMEX-Anwendung geschäftsmäßig für fremde Zwecke betrieben wird (z.B. Speicherung zum Zweck der Übermittlung, Dienstleistungsunternehmen). Dies wird bei TEMEX-Anwendungen nur ausnahmsweise der Fall sein.

Angesichts des erheblichen Risikos für das Persönlichkeitsrecht erscheint die derzeitige un-einheitliche und teilweise recht eingeschränkte Kontrollstruktur problematisch. Da die Vorgänge in einer TEMEX-Anwendung äußerst komplex sein können und der unmittelbaren Kontrolle durch den Betroffenen weitgehend entzogen sind, wächst die Bedeutung einer Instanz, die dem Betroffenen gegenüber die Garantie für die ordnungsgemäße und datenschutzgerechte Gestaltung der TEMEX-Anwen-dung als Ganzes übernehmen kann. Dieser Aspekt wird in Kapitel 5 weiter erörtert werden.

---

[37] geschäftsmäßige Datenverarbeitung nicht-öffentlicher Stellen für fremde Zwecke (Ab-schnitt 4 des BDSG).

4.4   Fragen der Haftung

4.4.1   Haftung der Deutschen Bundespost

Die Haftung der Post ergibt sich gemäß § 445 TKO abschließend und ausschließlich aus den §§ 446 bis 448 der TKO. Demnach haftet die Post insbesondere im Falle

- "der Tötung oder Verletzung des Körpers oder der Gesundheit des Teilnehmers oder Benutzers, wenn der Schaden von der Deutschen Bundespost oder einem ihrer Beauftragten vorsätzlich oder fahrlässig verursacht worden ist"[38]

- "der Beschädigung einer Sache, wenn der Schaden von der Deutschen Bundespost oder einem ihrer Beauftragten vorsätzlich oder fahrlässig verursacht wurde", wobei die Haftung im Einzelfall auf 5.000 DM begrenzt ist, soweit es sich nicht um Vorsatz oder um einen Schaden bei der Installation (Änderung etc.) von Telekommunikationseinrichtungen handelt[39].

Die übrigen Haftungsgründe der TKO (Vermögensschaden, soweit er von einem Amtsvorsteher vorsätzlich oder grob fahrlässig verursacht wurde; fehlerhafte Abbuchung von Gebühren; unrichtige schriftliche Auskunft) werden im Rahmen von TEMEX höchstens geringe Bedeutung haben.

Bei den herkömmlichen Telekommunikationsdiensten spielte die unbegrenzte Haftung im Falle der

---

[38]   § 446 Abs.1 Ziffer 1 TKO
[39]   § 446 Abs.1 Ziffer 2 in Verb. mit Abs.3 TKO

Tötung und Körperverletzung kaum eine Rolle, da
dies äußerst unwahrscheinliche Ereignisse waren.
Mit der Einführung von TEMEX ändert sich dies. Es
sind hier zumindest zwei Bereiche erkennbar, in
denen eine Tötung oder Körperverletzung durch
Störungen des TEMEX-Dienstes im Bereich der Post
verursacht werden können:

-    eine fehlerhaft oder unterlassene Geräte-
     steuerung (z.B. medizinische TEMEX-Anwen-
     dungen, Steuerung elektrischer Geräte, Steu-
     erung von Ventilen etc.)

-    unterlassene Hilfeleistung (z.B. im Rahmen
     von Notrufsystemen) aufgrund unterbleibender
     oder fehlgeleiteter TEMEX-Meldung.

Dabei kann die Störung bestehen in der Unterbrechung einer Leitungsverbindung, in der Verfälschung von Daten, in der nicht rechtzeitigen
Übertragung der Daten bei zeitkritischen Anwendungen, in der Übertragung der Daten zum falschen
Empfänger etc. Wesentlich ist aber in jedem Fall,
daß die Post an der Störung ein Verschulden
trifft, wobei Fahrlässigkeit, d.h. das Außer-
achtlassen der im Verkehr erforderlichen Sorgfalt
($ 276 BGB), ausreicht. Wird eine Verbindung je-
doch beispielsweise aufgrund von $ 384 Abs.1 TKO
("aus wichtigen technischen oder betrieblichen
Gründen oder aus Gründen des öffentlichen
Wohles") unterbrochen, fehlt es am Verschulden
der Post. Außerdem ist die Ursächlichkeit der
Störung für den Schaden nachzuweisen, wobei im
Falle der oben genannten unterlassenen
Hilfeleistung strenge Anforderungen zu stellen
sind (bloße Wahrscheinlichkeit genügt in der
Regel nicht)[40]. In diesem Bereich besteht ein
weiter Beurteilungsspielraum für die Gerichte.

Die Beweislast für den Eintritt des Schadens und
für die Kausalität der Störung im Verantwortungsbereich der Post obliegt dem Geschädigten. Dazu

---

[40]   vgl. BGHZ 64,51

gehört insbesondere auch der Nachweis, daß die
TEMEX-Daten der Post richtig, rechtzeitig und in
der richtigen Form übergeben wurden. Dies wird im
allgemeinen nur möglich sein, wenn die zur Übertragung bereitgestellten Daten in der TEMEX-Leitstelle und ggf. auch in der Endeinrichtung proto-
kolliert werden. Die Beweislast hinsichtlich des
Verschuldens liegt gemäß § 446 Abs.1 Satz 2 TKO
bei der Deutschen Bundespost.

Die Haftung der Post im Falle der Tötung oder
Körperverletzung erscheint damit grundsätzlich
adäquat. Sie hat jedoch eine entscheidende Lücke,
die bei TEMEX große Bedeutung erlangen kann und
nicht akzeptabel erscheint: Die Haftung greift
nur in dem Falle, daß der Geschädigte Teilnehmer
oder Benutzer des TEMEX-Dienstes ist. Bei einer
TEMEX-Nutzung im Bereich der Gerätesteuerung können aber auch Dritte zu Schaden kommen (z.B.
Fehlsteuerung einer CO_2-Löschanlage, einer
Wasserschleuse o.ä.). Sofern derartige Anwendungen, die eine Gefährdung Dritter möglich erscheinen lassen, nicht grundsätzlich vom Bereich
der erlaubten TEMEX-Nutzungen ausgeschlossen
werden (was wenig zweckmäßig erscheint, da eine
Abgrenzung kaum möglich ist), sollte die Haftung
der Post in dieser Hinsicht sicher erweitert werden.

Wesentlich schlechter ist die Situation des Betroffenen im Falle eines Sachschadens, da hier
die Haftungsgrenze mit 5.000 DM[41] in vielen
Fällen erheblich zu niedrig ist. Wird diese
Grenze beibehalten, kann sich dies als entscheidende Bremse für die TEMEX-Einführung erweisen, da Anwendungen, bei denen mit höherem Sach-
schaden gerechnet werden muß, vor diesem Hintergrund nicht vertretbar (und damit möglicherweise
sittenwidrig nach § 138 BGB) wären. Im Falle,
daß

---

[41]   Die Haftungsgrenze kann sich bei zahlreichen
       Geschädigten weiter verringern.

die Schadensursache eindeutig im Verantwortungsbereich der Post liegt, ist dem Geschädigten derzeit auch ein Rückgriff auf den TEMEX-Anbieter
verwehrt, da diesen kein Verschulden trifft.

Damit soll nicht eine Haftungsbegrenzung grundsätzlich abgelehnt werden. Sie sollte sich jedoch
im Rahmen der im Schadensfalle tatsächlich zu er-
wartenden Ansprüche bewegen und nur eindeutig er-
höhte Risiken ausschließen, für die eine TEMEX-
Anwendung dann auch kaum in Frage kommen wird.
Denkbar wäre z.B. eine Haftungsbegrenzung auf
500.000 DM oder 1 Million DM. Anders wäre die
Situation eventuell dann, wenn für TEMEX-Anbieter
eine verschuldensunabhängige Gefährdungshaftung
eingeführt wird, bei der auch Störungen im Verantwortungsbereich der Post von diesem zu
vertreten sind. Allerdings wird gerade in diesem
Fall seitens der TEMEX-Anbieter ein großes
Interesse daran bestehen, die Post in Regreß
nehmen zu können.

4.4.2   Deliktische Haftung des TEMEX-Anbieters

Die Haftung des Anbieters einer Dienstleistung unter Verwendung von TEMEX (TEMEX-Anbieter) richtet sich nach den allgemeinen Vorschriften des BGB über unerlaubte Handlungen (ss 823 ff.), d.h. er haftet im Falle des Verschuldens (Vorsatz, Fahrlässigkeit) unbegrenzt.

Bei TEMEX-Anwendungen wird es sich im allgemeinen um ein typisches Massengeschäft handeln, für das Allgemeine Geschäftsbedingungen Anwendung finden werden. Aufgrund des AGB-Gesetzes sind einem Haftungsausschluß oder einer vertraglichen Haftungsbegrenzung durch AGB-Regelungen enge Grenzen gesetzt. Beispielsweise ist eine Haftungsbegrenzung im Falle von Vorsatz oder grober Fahrlässigkeit unzulässig.[42] Angesichts der Risiken bei TEMEX und der Tatsache, daß im allgemeinen nur der TEMEX-Anbieter die Kontrolle über die technischen Vorgänge hat, wird auch für Fahrlässigkeit eine Haftungsbegrenzung vielfach an s 9 Abs.1 AGB-Gesetz (Verbot der unangemessenen Benachteiligung) scheitern, soweit es sich um ein Organisationsverschulden handelt und hierdurch Schäden, mit denen tatsächlich gerechnet werden muß, nicht abgedeckt wären. Dies gilt insbesondere für Personenschäden. Hinsichtlich der Sorgfalts- und Verkehrssicherungspflicht bei TEMEX-Anwendungen werden voraussichtlich hohe Anforderungen gestellt werden.

Für den Fall, daß eine öffentliche Stelle TEMEX-Anbieter ist, gilt das Staatshaftungsgesetz[43].

---

[42]   s 276 Abs.2 BGB, s 11 Ziffer 7 AGB-Gesetz
[43]   BGBl I, 1981, 553 ff.

Probleme können dann auftreten, wenn eine TEMEX-Anwendung nicht "aus einer Hand" angeboten wird. Beispielsweise können Hersteller der TEMEX-Endeinrichtung, Installateur dieser Einrichtung, Betreiber der TEMEX-Leitstelle und eigentlicher Diensterbringer verschiedene Unternehmen sein. In jedem dieser Bereiche kann ein Fehler auftreten, der für ein Schadenereignis ursächlich ist. Kann eindeutig festgestellt werden, wer den Schaden zu verantworten hat, hängt der Haftungsumfang von den einzelnen Vertragsverhältnissen ab, in denen diese Frage recht unterschiedlich geregelt sein kann. Vielfach wird es aber bereits schwierig sein, den Verantwortungsbereich, in dem der für den Schaden maßgebliche Fehler auftrat, eindeutig zu bestimmen. Auch wenn in diesem Fall wohl eine Beweislastumkehr zu Lasten des Hauptvertragspartners des Geschädigten stattfinden wird, sind Probleme kaum zu vermeiden. Eine klare vertragliche Regelung, nach der der TEMEX-Anbieter auch in diesem Fall für alle Schäden haftet, gleichgültig ob er selbst oder ein von ihm mit bestimmten Aufgaben beauftragter Unternehmer ihn verschuldet hat, erscheint daher sachgerecht und empfehlenswert, falls nicht ohnehin eine umfassende Gefährdungshaftung eingeführt wird.

Je nachdem, um welche Art von TEMEX-Anwendung es sich handelt, können spezielle rechtliche Regelungen maßgebend werden, die Auswirkungen auf die Haftung haben können. Beispiele hierfür sind:

-   das Gesetz über technische Arbeitsmittel (Gerätesicherheitsgesetz)

-   Rechtsverordnungen über medizinisch-technische Geräte

-   das Bundesimmissionsschutzgesetz

-   das Haftpflichtgesetz.

Diese Aufzählung ist keineswegs vollständig.

Das BDSG ist ein Schutzgesetz im Sinne von § 823
Abs.2 BGB, weshalb auch eine Verletzung des Persönlichkeitsrechts durch Verstoß gegen die BDSG-
Vorschriften eine Schadenersatzpflicht auslösen
kann[44]. Die Haftung für eine Verletzung des Persönlichkeitsrechts beschränkt sich ausgehend von
der bisherigen Rechtsprechung jedoch auf Fälle
schwerwiegender Verletzungen. Dabei wird in den
bisherigen Entscheidungen vorwiegend auf die
Außenwirkung gegenüber Dritten oder der Öffent-
lichkeit abgehoben, was bei TEMEX wohl nur von
untergeordneter Bedeutung sein dürfte. Wie sich
die Rechtsprechung in dieser Frage entwickeln
wird, ist offen. Derzeit wird aber auch im Fall
einer vorsätzlichen Verletzung des Persönlichkeitsrechts durch den TEMEX-Anbieter selten mehr
als ein Unterlassungs- und Beseitigungsanspruch
zu erreichen sein.

Neben der deliktischen Haftung kommt auch eine
vertragliche Haftung des TEMEX-Anbieters in
Betracht[45]. Diese Frage soll hier jedoch nicht
weiter untersucht werden, da für TEMEX-Anwendungen eine Vielzahl von Vertragsarten möglich
sind, für die jeweils unterschiedliche Haftungsregelungen gelten (z.B. Dienstleistungsvertrag,
Werkvertrag, Geschäftsbesorgungsvertrag, Gesell-
schaftsvertrag).

---

[44]   vgl. BGH zitiert nach NJW 1981,1738
[45]   Nach der Rechtsprechung des BGH gilt der
        Grundsatz, daß vertragliche und deliktische
        Ansprüche miteinander konkurrieren und der
        Verletzte sich auf beide Normprogramme be-
        ziehen kann (vgl. BGH NJW 1978,2241)

4.4.3   Gefährdungshaftung

TEMEX ist ein technisches Instrument, das mit einer großen Zahl technischer Risiken behaftet ist, die unabhängig von einem Verschulden im Einzelfall entstehen können. Die Folgen von Fehlern sind stark von der jeweiligen Anwendung abhängig und können sehr weitreichend sein. Ein direkter Bezug zwischen dem Grad des Verschulden im Einzelfall und dem eintretenden Schaden läßt sich kaum herstellen. Damit spricht vieles dafür, zumindest bestimmte TEMEX-Anwendungen als gefahrengeneigte Vorgänge anzusehen, für die ein Anbieter die volle, verschuldensunabhängige Haftung zu übernehmen hat.

Eine solche Lösung müßte allerdings gesetzlich erfolgen, denn die Rechtsprechung hat es bislang abgelehnt, über die spezifischen gesetzlichen Regelungen[46] hinaus, eine analoge Gefährdungshaftung für andere Gefahrenbereiche anzuerkennen[47]. Dies wäre sicher ein wichtiger Schritt, um die Akzeptanz von TEMEX zu erhöhen, insbesondere dann, wenn auch die Verletzung des Persönlichkeitsrechts des Betroffenen mit einbezogen wird.

---

[46]   z.B. für Eisenbahnunternehmen, KfZ-Halter, Inhaber von Anlagen zur Fortleitung von Elektrizität, Gasen, Dämpfen oder Flüssigkeiten etc.

[47]   Allerdings gilt, daß "angesichts der objektivierten Fahrlässigkeit im Zivilrecht, der Übergang von der Verschuldens- zur Gefährdungshaftung fließend geworden ist". KOHL in Kommentar zum BGB (Reihe Alternativkommentare), Neuwied 1979, Bd. 3, S.909

Einen ersten Schritt in diese Richtung, der allerdings einige der für TEMEX-Anwendungen relevanten Gefahrenlagen nicht mit umfaßt, macht der gegenwärtig vorliegende Entwurf zur Neufassung des BDSG[48], der für öffentliche Stellen eine verschuldensunabhängig Haftung vorsieht. Dort wird vorgeschlagen, als s 7 in das BDSG einzufügen:

> (1) Fügt eine öffentliche Stelle dem Betroffenen durch eine nach den Vorschriften dieses Gesetzes oder nach anderen Vorschriften über den Datenschutz unzulässige oder unrichtige automatisierte Verarbeitung seiner personenbezogenen Daten einen Schaden zu, ist sie dem Betroffenen unabhängig von einem Verschulden zum Ersatz des daraus entstehenden Schadens verpflichtet.

> (2) Bei einer schweren Verletzung des Persönlichkeitsrechts ist dem Betroffenen der Schaden, der nicht Vermögensschaden ist, angemessen in Geld zu ersetzen.

> (3) Die Ansprüche nach den Absätzen 1 und 2 sind insgesamt bis zu einem Betrag in Höhe von zweihundertfünfzigtausend Deutsche Mark begrenzt. Ist aufgrund desselben Ereignisses an mehrere Personen Schadenersatz zu leisten, der insgesamt den Höchstbetrag ... übersteigt, so verringern sich die Schadenersatzleistungen in dem Verhältnis, in dem ihr Gesamtbetrag zu dem Höchstbetrag steht.

---

[48] zitiert nach der Beschlußempfehlung des Innenausschusses, BTDruckS 11/7235, S.10

Für nicht-öffentliche Stellen sieht der Entwurf
hingegen lediglich die Umkehr der Beweislast vor:

> "Macht ein Betroffener gegenüber ei-
> ner nicht-öffentlichen Stelle einen
> Anspruch auf Schadenersatz wegen ei-
> ner nach diesem Gesetz oder anderen
> Vorschriften über den Datenschutz un-
> zulässigen oder unrichtigen automati-
> sierten Datenverarbeitung geltend und
> ist streitig, ob der Schaden die Fol-
> ge eines von der speichernden Stelle
> zu vertretenden Umstandes ist, so
> trifft die Beweislast die speichernde
> Stelle."

Für TEMEX müßte der Anwendungsbereich einer solchen Regelung natürlich auch auf andere als personenbezogene Daten ausgedehnt werden.

4.5   Strafrechtliche Vorschriften

Neben der strafrechtlichen Absicherung des Post- und Fernmeldegeheimnisses (§ 354 StGB), die nur für Bedienstete der Post Bedeutung erlangt, gibt es eine Reihe von Strafvorschriften, die allgemein gelten. Diese sollen im folgenden darauf hin untersucht werden, ob die wichtigsten Risiken, die sich durch die Möglichkeit unzulässiger Eingriffe in TEMEX ergeben können, hierdurch erfaßt werden.

Eine schematische Darstellung der Möglichkeiten für unzulässige Eingriffe in TEMEX könnte etwa so aussehen:

1.1 Anschluß fal- scher Geräte	2.1 Abhören	3.1 illegale Speicherung
1.2 Manipulation	2.2 Unterdrücken von Daten	3.2 Datenverfälschung
1.3 Abschalten		3.3 verbotene Löschung
1.4 Zerstörung	2.3 Verfälschung	3.4 unerlaubte Übermittlung
1.5 Störung ande- rer Geräte	2.4 Zufügen von	3.5 Programmänderungen
	2.5 Felleitungen	3.6 Zerstörung Leiststelle
1.6 verbotene Er- fassung	2.6 Unterbrechung	
1.7 verbotene Ver- knüpfung		TEE = TEMEX-Endgerät NA = Netzabschluß

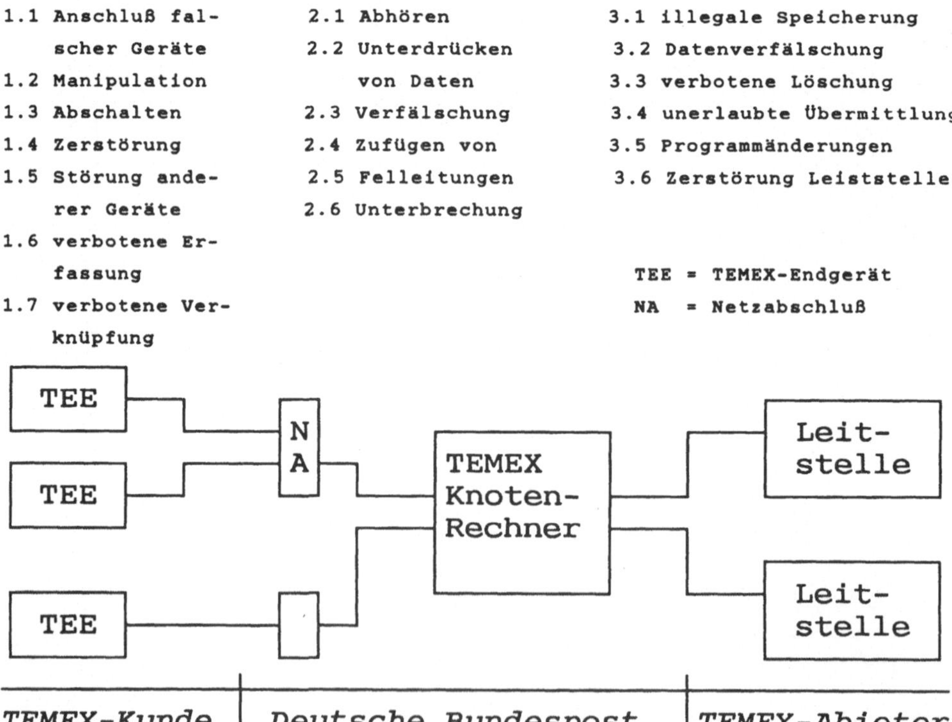

ABBILDUNG 2

(1.1) meint den Anschluß einer TEMEX-Endeinrichtung, die nicht den rechtlichen Voraussetzungen entspricht. Zu denken ist z.B. an den Fall, daß andere Überwachungsfunktionen durchgeführt werden oder möglich sind, als sie durch die Einwilligung des Betroffenen erlaubt sind. Da hierdurch in unzulässiger Weise in den häuslichen Bereich eingewirkt wird, liegt der Fall ähnlich wie beim Hausfriedensbruch (§ 123 StGB), wonach bestraft wird,

> "wer in die Wohnung ... widerrechtlich eindringt oder wer, wenn er ohne Befugnis darin verweilt, auf die Aufforderung des Berechtigten sich nicht entfernt."

Ein widerrechtliches "elektronisches Eindringen" ist derzeit jedoch nicht strafbar, da es vom Tatbestand des Hausfriedensbruchs nicht umfaßt wird.

(1.2) bedeutet, daß eine ordnungsgemäß installierte TEMEX-Endeinrichtung nachträglich verändert wird und dadurch ihre Funktion nicht mehr erfüllen kann oder zusätzlich eine andere Funktion ermöglicht. Wird hierdurch lediglich die Funktion der Einrichtung beeinträchtigt, ohne daß die Einrichtung selbst beschädigt wird[49], liegt der Sachverhalt ähnlich wie bei (1.1).

(1.3) meint die unerlaubte Unterbrechung der Verbindung zum Netzabschluß der Post. Solange hierbei nicht Leitungen physikalisch zerstört werden, ist dies - anders als bei (1.4) , wo es sich um Sachbeschädigung handeln kann - nicht strafbar. Auch im Falle der Störung anderer Geräte (1.5) ist im allgemeinen kein Straftatbestand erfüllt.

---

[49]   dies wäre gegebenenfalls Sachbeschädigung
       nach § 303 StGB

Keine Strafvorschrift greift auch für den Fall, daß eine unzulässige Verknüpfung mit Daten anderer TEMEX-Endgeräte hergestellt wird (1.7) oder daß Daten überhaupt unzulässigerweise erfaßt werden (1.6). Dieser Fall liegt ähnlich wie (1.1) und (1.2), auch wenn hierzu keineswegs immer ein Betreten der Wohnung oder eine Veränderung der Endgeräte notwendig sein wird, sondern die Wirkung auch mittelbar über TEMEX ausgelöst werden kann.

(2.1) betrifft das unbefugte Abhören von Daten, das sowohl im Bereich der Post als auch außerhalb (z.B. private Nebenstellenanlage) erfolgen kann. Hier wird s 202a StGB (Ausspähen von Daten) einschlägig sein. Allerdings grenzt s 202a Abs.2 den Anwendungsbereich ein auf "Daten, die ... gespeichert oder übermittelt werden". Werden die Begriffe des Speicherns und Übermittelns im Sinne der entsprechenden Legaldefinition des BDSG verstanden (und ein Teil der Literatur legt dies so aus), dann wird die Anwendbarkeit für TEMEX-Daten in Frage gestellt. Denn wie unter 4.3.1 ausgeführt liegt TEMEX vor der Speicherung der Daten (und kann höchstens als Teil des Speicherungsvorganges aufgefaßt werden) und stellt nicht in allen Fällen eine Übermittlung dar, da es sich nicht um eine Datenweitergabe an Dritte handelt.

Der Begründung des Rechtsausschusses des Bundestages läßt sich jedoch entnehmen, daß gerade nicht eine Einengung des Anwendungsbereiches beabsichtigt war[50]:

> "Der Ausschuß schlägt die Aufnahme eines ... Tatbestandes gegen das "Ausspähen von Daten" vor, der das unbefugte Verschaffen von besonders gesicherten, nicht für den Täter bestimmten, nicht unmittelbar wahrnehmbaren Daten unter Strafe stellt. ...

---

[50]   BTDruckS 10/5658, Seite 29

> Zur Klarstellung wird die Einbeziehung von Daten, die übermittelt werden, besonders klargestellt. Bewußt hat der Ausschuß davon abgesehen, nur solche Daten zu schützen, die in einer Datenverarbeitungsanlage gespeichert, in eine solche oder aus einer solchen übermittelt werden. Vom geschützten Rechtsgut her kann es keine Rolle spielen, welche Technologie bei der Speicherung und Übermittlung von Daten verwendet wird."

Der Begriff der Übermittlung wird sich daher eher an den technischen Sprachgebrauch anlehnen oder gegebenenfalls gesetzlich neu definiert werden müssen.

s 303a StGB bezieht sich auf den Begriff der (gespeicherten oder übermittelten) Daten in s 202a und stellt das rechtswidrige Löschen, Unterdrücken (2.2), Unbrauchbarmachen und Verändern (2.3) von Daten unter Strafe.

Nicht strafbar ist hingegen das rechtswidrige Hinzufügen von Daten (2.4), sofern es sich nicht um Computerbetrug zur Erlangung eines Vermögensvorteils handelt. Beispielsweise könnte die Funktion einer TEMEX-Leitstelle zur Überwachung von Einbruchsmeldeanlagen dadurch faktisch lahmgelegt werden, daß von überall her fingierte Alarmmeldungen abgeschickt werden; die echte Alarmmeldung braucht in diesem Fall gar nicht unterdrückt zu werden.

Die bewußte Fehlleitung von TEMEX-Daten (2.5) wird entweder in einer Datenveränderung bestehen, und ist dann nach s 303a StGB strafbar, oder stellt eine Störung von Fernmeldeanlagen (s 317 StGB) dar.

§ 317 StGB ist auch für sonstige Betriebsunter-
brechungen (2.6) anwendbar, auch wenn sie fahrlässig begangen werden.

Die Punkte (3.1) bis (3.4) beziehen sich auf die
unzulässige Speicherung, Veränderung, Löschung
und Übermittlung von TEMEX-Daten im Rechner der
TEMEX-Leitstelle. Dies entspricht dem Regelungs-
bereich des BDSG. Strafbar nach § 41 BDSG ist
allerdings nur die unbefugte Übermittlung (3.3)
und Änderung (3.2). Eine rechtswidrige Löschung
wird nach § 202a StGB strafbar sein, der sich ja
gerade auch auf gespeicherte Daten bezieht.

Sofern es sich bei der TEMEX-Leitstelle um eine
Datenverarbeitungsanlage handelt, die für einen
fremden Betrieb, ein fremdes Unternehmen oder
eine Behörde von wesentlicher Bedeutung ist, wird
eine Zerstörung oder Beschädigung der Anlage
(3.6) ebenso wie die rechtswidrige Veränderung
von Programmen (die auch Daten sind) den
Tatbestand der Computersabotage (§ 303b StGB)
erfüllen. Fehlt es an der wesentlichen Bedeutung
der Anlage greift § 303 bzw. § 303a StGB.

Im Ergebnis bleibt festzuhalten, daß nur einzelne
technischen Vorgänge der Datenübertragung mittels
TEMEX strafrechtlich gegen unzulässige Eingriffe
abgesichert sind. Insbesondere der im Hinblick
auf das Persönlichkeitsrecht wesentliche Aspekt
der rechtswidrigen, unbefugten Erfassung und
Speicherung von personenbezogenen Daten wird
strafrechtlich jedoch nicht abgedeckt. TEMEX hat
in dieser Hinsicht eine größere Gefahr
geschaffen, der auch in strafrechtlicher Hinsicht
Rechnung getragen werden sollte, da ein rein
haftungsrechtlicher Schutz (der bei Verletzung
des Persönlichkeitsrechts zudem eher schwach
ausgeprägt ist) nicht ausreichend erscheint.

5

Spezielle Rechtsvorschriften für TEMEX

5.1   Vorbemerkungen

Bei der Untersuchung der Wirkung des allgemeinen
Rechts für TEMEX (Kapitel 4) wurden spezielle Regelungen für TEMEX zunächst ausgeklammert, da
solche Spezialregelungen erst für wenige Bereiche
existieren und diese teilweise noch umstritten
sind. Die Kenntnis der ohnehin allgemein geltenden Rechtsvorschriften erleichtert dabei die Beurteilung der besonderen Regelungen.

In die Untersuchung einbezogen werden die entsprechenden Vorschriften des

-      Gesetzes über die Erprobung und Entwicklung
       neuer Rundfunkangebote und anderer Medien-
       dienste in Bayern - MEG[1]

-      Gesetzes über die Durchführung des Kabelpi-
       lotprojekts Berlin - KPPG vom 17. Juli 1984

-      Hessischen Datenschutzgesetzes in der Fas-
       sung vom 11. 11. 1986[2]

-      Datenschutzgesetzes Nordrhein-Westfalen in
       der Fassung vom 15. März 1988[3]

---

[1]   GVBL Bayern 1987, Seite 431
[2]   GVBL Hessen, 1986, Seite 309
[3]   GVBL Nordrhein-Westfalen 1988, Seite 160

5.2   Anwendungsbereich der Regelungen

Nicht jede TEMEX-Anwendung wird von den Regelungen der genannten Gesetze betroffen.

Das MEG bezieht sich auf

> "Fernwirkdienste, bei denen ferngesteuert Messungen oder Beobachtungen über persönliche oder sachliche Verhältnisse eines Teilnehmers vorgenommen werden" (Art.33 Abs.1 MEG).

TEMEX-Anwendungen, die keine Rückschlüsse auf persönliche oder sachliche Verhältnisse zulassen werden nicht umfaßt (z.B. Umweltmessungen außerhalb des häuslichen Bereichs). Trotz der Verwendung des Begriffs "Fernwirkdienste" werden reine Steuerungsanwendungen, denen eine Messung oder Beobachtung nicht vorausgeht, ebenfalls nicht einbezogen (z.B. ferngesteuerter Gerätebetrieb). Gefordert wird außerdem, daß die Messung oder Beobachtung ferngesteuert ausgelöst wird. Sofern bei einer TEMEX-Nutzung die Auslösung durch die beim Teilnehmer installierte Endeinrichtung erfolgt (z.B. Notrufsysteme mit aktiver Auslösung, Übertragung von Zählerständen ausgelöst durch den Zähler beim Kunden) ist die Vorschrift nicht anwendbar. Bei dem "Teilnehmer" braucht es sich allerdings nicht um eine natürliche Person zu handeln.

Das KPPG regelt in § 53 die Nutzung des Kabels (oder eines sonstigen schmalbandigen Netzes),

> "um ferngesteuert in der Wohnung oder in den Geschäftsräumen eines Teilnehmers Messungen vorzunehmen (Fernmeßdienste) oder andere Wirkungen auszulösen (Fernwirkdienste)"

Die Abgrenzung erfolgt damit über die räumliche Zuordnung der TEMEX-Wirkung (Wohnung oder Geschäftsräume) unabhängig von der Art der übertragenen Daten bzw. der Art der Wirkung. Anders als im MEG werden auch Steuerungsfunktionen einbezogen. Voraussetzung ist jedoch wiederum, daß die Messung oder die Wirkung "ferngesteuert" ausgelöst wird. Weiterhin werden auch Anwendungen bei juristischen Personen mit umfaßt (Teilnehmer).

Das Hessische Datenschutzgesetz geht noch weiter, indem der Anwendungsbereich in s 36 wie folgt bestimmt wird:

> "Wer eine Datenverarbeitungs- oder Übertragungseinrichtung zu dem Zweck nutzt, bei einem Betroffenen, insbesondere in der Wohnung oder in den Geschäftsräumen ferngesteuert Messungen vorzunehmen oder andere Wirkungen auszulösen ...".

Dies umfaßte jede "ferngesteuerte" (s.o.) TEMEX-Nutzung unabhängig von der Art der Daten und vom Ort der Messung oder Wirkung. Sie muß jedoch bei einem "Betroffenen", d.h. bei einer natürlichen Person, erfolgen.

Auch das Nordrhein-Westfälische Datenschutzgesetz bezieht sich nur auf natürliche Personen ("Betroffener") und nur auf Anwendungen in Wohnungen und Geschäftsräumen. Unter dieser Voraussetzung werden (ähnlich wie im KPPG) alle ferngesteuerten Messungen oder Beobachtungen sowie die Auslösung einer anderen Wirkung einbezogen.

Diese Uneinheitlichkeit im Anwendungsbereich, die sich - wie unten gezeigt wird - in den einzelnen Regelungen sogar noch stärker fortsetzt, ist insbesondere aus Sicht der TEMEX-Anbieter nicht sehr vorteilhaft. Im Interesse der allgemeinen Handlungs- und Vertragsfreiheit sollten sich die gesetzlichen Regelungen darauf beschränken, den

Bereich, in dem ein erhöhtes Risiko für das Persönlichkeitsrecht besteht, zu ordnen. Daher erscheint es nicht gerechtfertigt, auch juristische Personen einzubeziehen, die ihre Interessen grundsätzlich selbst ausreichend wahren können. Sinnvoll erscheint demgegenüber, an den ferngesteuerten Eingriff in die Wohnung und die Geschäftsräume natürlicher Personen anzuknüpfen. Da jedoch auch dort TEMEX-Anwendungen denkbar sind, die nicht in das Persönlichkeitsrecht eingreifen, weil sie Rückschlüsse auf persönliche oder sachliche Verhältnisse des Betroffenen gar nicht erlauben, sollte dies ein weiteres Abgrenzungskriterium sein. Allerdings kann die Frage, ob eine Anwendung das Persönlichkeitsrecht tangiert oder nicht, strittig sein. Im Interesse des Betroffenen sollten daher nur solche Anwendungen ausgenommen werden, in denen ein solches Risiko offenkundig nicht besteht. Im übrigen erscheint es sinnvoll, sowohl die Fernmeßdienste als auch die Fernwirkdienste einzubeziehen, da die Risikolage vergleichbar ist.

5.3   Einwilligung

Allen genannten Regelungen gemeinsam ist, daß immer die schriftliche Einwilligung des Betroffenen gefordert wird, sofern nicht eine andere Rechtsvorschrift eine bestimmte TEMEX-Anwendung explizit erlaubt. Eine TEMEX-Nutzung aufgrund einer Interessenabwägung oder als indirekte Folge eines Vertragsverhältnisses mit dem Betroffenen wird damit ausgeschlossen.

Dies entspricht im wesentlichen dem Ergebnis der Untersuchungen in Kapitel 4 und stellt damit eine wünschenswerte Klarstellung dar. Neu ist die Regelung im Grunde ohnehin nur für den öffentlichen Bereich, der sich bisher auf die recht allgemeinen Zulässigkeitsregelungen der Datenschutzgesetze stützen konnte, die spätestens seit dem Volkszählungsurteil des BVerfG nur noch stark eingeschränkt angewendet werden können. Im privaten Bereich käme nach allgemeinem Datenschutzrecht allenfalls eine indirekt vereinbarte TEMEX-Nutzung im Rahmen der Zweckbestimmung eines Vertragsverhältnisses in Frage, die jedoch wegen des Eingriffs in den geschützten Privatbereich praktisch den gleichen Anforderungen hinsichtlich der klaren Festlegung von Zweck und Umfang der TEMEX-Nutzung wie eine explizite Einwilligung entsprechen müßte. Soweit erkennbar gibt es hinsichtlich der Notwendigkeit einer förmlichen Zustimmung des Betroffenen auch keine abweichenden Meinungen. Auch die Formvorschrift (Schriftform), die hier[4] - anders als im BDSG - ausnahmslos

---

[4]   mit Ausnahme der Regelung des Hessischen Datenschutzgesetzes, das - wie das BDSG - im Falle besonderer Umstände Abweichungen zuläßt.

gilt, begegnet angesichts der gegenüber der sonstigen Datenverarbeitung höheren Eingriffsintensität keinen grundsätzlichen Bedenken.

Umstritten ist demgegenüber die Frage, ob die
Einwilligung vom Betroffenen jederzeit widerrufen
werden kann. Das MEG und das KPPG schreiben dies
explizit fest. Das Datenschutzgesetz Nordrhein-
Westfalen schränkt die Widerrufsmöglichkeit teilweise ein ("soweit dies mit der Zweckbestimmung
des Dienstes vereinbar ist"), öffnet jedoch die
Möglichkeit des Widerrufs durch konkludentes Handeln:

> "Das Abschalten eines Dienstes gilt
> im Zweifel als Widerruf der Einwilli-
> gung." (§ 30 Abs.1).

Das Hessische Datenschutzgesetz nimmt hierzu
nicht explizit Stellung, weshalb von der
grundsätzlich bestehenden Widerrufsmöglichkeit
der Einwilligung auszugehen ist[5]. Hinsichtlich
der Möglichkeit des Widerrufs besteht auch der
entscheidende Unterschied zwischen Einwilligung
und vertraglicher Vereinbarung, die grundsätzlich
nur beschränkt angefochten, ansonsten aber nur
unter Einhaltung der vereinbarten Fristen und
Verfahren gekündigt werden kann. Soweit es sich
allerdings bei der TEMEX-Anwendung um einen Eingriff in das Persönlichkeitsrecht handelt, wäre
jedoch auch ein Vertrag, der eine jederzeitige
Kündigungs- bzw. Rücktrittsmöglichkeit aus-
schliessen würde, sittenwidrig und damit nichtig.
Dies gilt zumindest bei einem Eingriff in das
Persönlichkeitsrecht von einigem Gewicht.

Anders zu beurteilen sind jedoch Anwendungen, bei
denen ein Eingriff in das Persönlichkeitsrecht
nicht vorliegt bzw. durch Schutzvorkehrungen
praktisch ausgeschlossen wird. Dies ist z.B. bei
einem Notrufsystem, das vom Betroffenen aktiv be-
tätigt werden muß, der Fall. Denn hier kann der

---

[5]   vgl. 4.3.2

Betroffene die TEMEX-Einrichtung zwar jederzeit außer Betrieb nehmen (ebenso wie er sie nicht zu nutzen braucht), ist aber ansonsten auf die Kündigungsmöglichkeiten des entsprechenden Dienstvertrages angewiesen . Er hat im übrigen auch die Folgen der Stillegung des TEMEX-Anschlusses zu tragen, wenn dadurch beispielsweise die Erbringung einer Dienstleistung unmöglich gemacht wird.

Auch durch geeignete Ausgestaltung einer TEMEX-Anwendung kann sichergestellt werden, daß ein Eingriff in das Persönlichkeitsrecht praktisch ausgeschlossen ist. Zu denken ist beispielsweise an ein Verfahren zur Verbrauchsdatenerfassung, wie es in Kapitel 6 vorgestellt wird. Auch in anderen Bereichen (z.B. Ferndiagnose und Fernwartung von Geräten) sind geeignete Lösungen denkbar, die das Persönlichkeitsrecht nicht beeinträchtigen. Allerdings wird es in all diesen Fällen unverzichtbar sein, die Sicherheit und Ordnungsmäßigkeit des Verfahrens durch eine objektive Stelle prüfen zu lassen, die dem Betroffenen gegenüber auch die Garantie dafür übernimmt, daß keine Beeinträchtigung seiner schutzwürdigen Belange eintritt. Damit wird verhindert, daß ohne Wissen des Betroffenen eine extensive Vertragsauslegung zu seinen Lasten stattfindet.

Sind diese Bedingungen erfüllt, erscheinen die jetzigen Regelungen hinsichtlich der Widerruflichkeit der Einwilligung zu wenig differenziert. Für alle Fälle, in denen dem Betroffenen jedoch nicht garantiert werden kann, daß ein Eingriff in sein Persönlichkeitsrecht nicht möglich ist, wird es aus verfassungsrechtlichen Gründen bei der jederzeitigen Widerrufsmöglichkeit bleiben müssen, da das Persönlichkeitsrecht nicht durch Rechtsgeschäft aufgegeben oder beschränkt werden kann.

5.4   Benachteiligungsverbot

s 30 Abs.2 des Datenschutzgesetzen Nordrhein-Westfalen bestimmt:

> "Eine Leistung, der Abschluß oder die Abwicklung eines Vertragsverhältnisses dürfen nicht davon abhängig gemacht werden, daß der Betroffene ... einwilligt. Verweigert oder widerruft er seine Einwilligung, so dürfen ihm keine Nachteile entstehen, die über die unmittelbaren Folgekosten hinausgehen."

Diese Regelung[6], die verständlicherweise recht umstritten ist, erscheint zu undifferenziert und in einigen Fällen zu weitgehend.

Einsichtig ist zunächst, daß ein Wesensmerkmal der Einwilligung die Freiwilligkeit sein muß, d.h. daß auch die Möglichkeit bestehen muß, nicht einzuwilligen, soweit es sich um einen Eingriff in das Persönlichkeitsrecht handelt, der der Einwilligung des Betroffenen bedarf. Die Freiwilligkeit darf dabei auch nicht durch faktische Zwänge (unangemessene Benachteiligung, "Strafgebühren" etc.) untergraben werden.

---

[6]   Das KPPG enthält eine entsprechende Regelung wie Satz 1 der zitierten Bestimmung; das MEG enthält eine dem Satz 2 entsprechende Vorschrift, jedoch eingeschränkt auf den Fall der Verweigerung der Einwilligung. Das Hessische Datenschutzgesetz verzichtet auf eine derartige Regelung.

Deshalb ist es sicher gerechtfertigt, für Bereiche, in denen ein Kontrahierungszwang besteht (z.B. Anschlußpflicht der Energieversorgungsunternehmen), ein solches Benachteiligungsverbot festzuschreiben. Wird in diesem Anwendungsbereich eine (faktische) Verpflichtung zur Einrichtung eines TEMEX-Anschlusses für notwendig gehalten, geht dies nur auf dem Weg einer gesetzlichen Regelung, die die beiderseitigen Interessen zum Ausgleich bringt und den vom BVerfG entwickelten Grundsätzen (Volkszählungsurteil) entspricht. Auch die Beschränkung von Kostennachteilen auf die "unmittelbaren Folgekosten" (z.B. Mehrkosten einer manuellen Zählerablesung, Kosten des Abbaus einer TEMEX-Einrichtung) erscheint in diesem Bereich angemessen. In Fällen, in denen zwar kein gesetzlicher Kontrahierungszwang besteht, aber faktisch ein Monopol hinsichtlich einer bestimmten, wichtigen Leistung existiert, wird es vertretbar sein, entsprechende Grundsätze anzuwenden. Auch hier kann der Gesetzgeber unter Berücksichtigung der beiderseitigen Interessen zum Schutz des Persönlichkeitsrechts in die allgemeine Vertragsfreiheit eingreifen. Allerdings ist wieder zu beachten, daß nicht jede TEMEX-Anwendung per se in das Persönlichkeitsrecht eingreift[7].

Grundvoraussetzung für ein "Benachteiligungsverbot" ist aber, daß eine bestimmte Leistung grundsätzlich auch ohne TEMEX-Nutzung erbracht werden kann. Diese Voraussetzung ist jedoch nicht immer gegeben: Bestimmte Pflegeleistungen (kurzfristige Hilfeleistung) setzen ein entsprechendes Notrufmeldesystem voraus, ebenso bestimmte medizinische Dienste oder Bewachungsleistungen. Die Möglichkeiten von TEMEX können auch dazu führen, daß völlig neue Leistungsangebote entwickelt und auf den Markt gebracht werden. Beispielsweise ist vorstellbar, daß bestimmte Geräte von vornherein

---

[7]   die genannten Gesetze berücksichtigen dies ansatzweise, indem der Anwendungsbereich eingeschränkt wird.

nur mit einer Einrichtung zur Ferndiagnose und Fernwartung produziert und angeboten werden und damit der Erwerb dieser Geräte von einer Einwilligung in die TEMEX-Nutzung abhängig gemacht wird. Gewisse Steuerungsdienstleistungen (z.B. Energieverbrauchsoptimierung) werden eben nur durch TEMEX-Nutzung wirtschaftlich erbracht werden können. In allen diesen Fällen erscheint es nicht vertretbar, ein absolutes Benachteiligungsverbot zu erlassen. Grundgedanke der Einwilligung ist ja, daß der Einzelne die Abwägung zwischen Vorteilen und Nachteilen (Risiken) frei treffen kann.

5.5 Aufklärungspflicht

Mit Ausnahme des Hessischen Datenschutzgesetzes, das hierauf nicht explizit eingeht, schreiben die genannten gesetzlichen Regelungen vor, daß der Betroffene vor Einholung der Einwilligung

> "über den Verwendungszweck sowie über Art, Umfang und Zeitraum des Einsatzes"

von TEMEX zu unterrichten ist[8]. Diese Verpflichtung folgt, wie die Untersuchung in Kapitel 4 gezeigt hat, bereits aus dem allgemeinen Recht. Es handelt sich daher nur um eine wünschenswerte Klarstellung, die keiner weiteren Diskussion bedarf.

---

[8] Das MEG spricht von "Verwendungszweck und Wirkungsweise", über die aufzuklären ist.

5.6   Kontrolle durch den TEMEX-Teilnehmer

Das Datenschutzgesetz Nordrhein-Westfalen und das
KPPG schreiben vor:

> "Die Einrichtung von Fernmeß- und
> Fernwirkdiensten ist nur zulässig,
> wenn der Teilnehmer erkennen kann,
> wann ein Dienst in Anspruch genommen
> wird und welcher Art dieser Dienst
> ist."

Praktische Vorschläge, wie dies zu realisieren
sein könnte, sehen beispielsweise vor, daß an
einer Endeinrichtung oder am TEMEX-Netzabschluß
eine Signallampe aufleuchtet, wenn eine TEMEX-
Übertragung erfolgt, oder daß die Anzahl der
TEMEX-Abfragen am Gerät abgelesen werden kann.

Ausführliche Vorschläge hierzu hat der Berliner
Datenschutzbeauftragte im Zusammenhang mit dem
Betriebsversuch bei den Berliner Wasserwerken
gemacht ("Berliner Modell"). In seinem Jahresbe-
richt 1987 wird über die Entwicklung eines "intelligenten" Wasserzählers berichtet[9]:

> "Durch die Betätigung eines unter dem
> Deckglas angebrachten elektronischen
> Schalters, der mit einem kleinen Mag-
> neten aktiviert wir, zeigt die Zif-
> fernfolge innerhalb von ca. 7,5 Se-
> kunden die nachstehenden Funktionen
> an:

---

[9]   Abgeordnetenhaus von Berlin, Drucksache
       10/1883, Seite 17

1. Funktionskontrolle ...
2. ...
3. Anzeige des Zählerstandes bei der letzten elektronischen Ablesung
4. Anzeige der Anzahl der Zugriffe (datenschutzrechtlich relevante Zahl)
5. ...

Diese Daten sind dem Kunden jederzeit zugänglich. ... Bei jedem elektronischen Fernmeßvorgang ... wird die oben unter Ziff.4 als Zugriffszahl bezeichnete Anzeige um eine Stelle erhöht. Somit wird jede Datenübermittlung gezählt. Der Kunde hat damit jederzeit die Möglichkeit, eine Kontrolle über die Ablesehäufigkeit und den Ablesezeitpunkt durchzuführen. Er kann außerdem den Zählerstand zum Zeitpunkt der letzten elektronischen Ablesung zur Anzeige bringen. Der Zählerstand der letzten Ablesung, die Zugriffszahl und zusätzlich das Datum und die Uhrzeit werden in die dem Kunden zugestellte Rechnung aufgenommen. Der Kunde kann somit die Richtigkeit der Rechnung prüfen. Da allen Kunden vom Wasserversorgungsunternehmen vorab die Häufigkeit und der ungefähre Zeitpunkt der Fernablesung (Ablesefenster) mitgeteilt wird, kann die Richtigkeit des Verfahrens auch zwischenzeitlich jederzeit überprüft werden. Zwar ist eine auf die Sekunde genaue Fernablesung nicht vorgesehen und kann von der Post technisch auch nicht realisiert werden, angesichts der durch die Höhe der Zugriffszahl fixierten Anzahl der Ablesevorgänge ist eine mißbräuchliche Ablesung aber jederzeit feststellbar und kann vertragsrechtlich sanktioniert werden. Die datenschutzrechtlichen Sicherheitsvorkehrungen erscheinen unter

diesen Bedingungen so hoch, daß sie
im jetzigen Zeitpunkt vorbehaltlich
weiterer durch den Betriebsversuch zu
gewinnender Erkenntnisse als positiv
bewertet werden können."

Diese Ausführungen zielen offensichtlich in zwei Richtungen:

- der Betroffene soll erfahren können, welche Messungen und Steuerungen über seinen Anschluß tatsächlich durchgeführt werden (Auskunftsanspruch)

- der Betroffene soll eine mißbräuchliche, d.h. nicht vertragsgemäße Nutzung seines TEMEX-Anschlusses erkennen und ggf. durch Abschalten verhindern können (Mißbrauchskontrolle).

Beide Ziele sind aus Sicht des Datenschutzes äußerst wichtig und voll zu unterstützen. Allerdings können durch die erwähnten Vorschläge beide Ziele nur unvollkommen erreichen werden, sofern es nicht - wie in dem "Berliner Modell" - um eine sehr begrenzte und von vornherein bestimmte Zahl von Datenübertragungsvorgängen handelt.

Im Hinblick auf den Auskunftsanspruch reicht es sicher nicht aus, nur Zeitpunkt und Art einer TEMEX-Nutzung erkennen zu können. Eine ständige Überwachung der "Kontrollampe" ist absolut unmöglich; ein Zähler wiederum hält nicht den Zeitpunkt der TEMEX-Nutzungen fest; der Inhalt der übertragenen Daten, der beispielsweise im Fall von Schadenersatzansprüchen bei Steuerungsaufgaben äußerst wichtig wäre, wird nicht erkennbar.

Wesentlich zweckmäßiger wäre daher, den TEMEX-Anbieter zu verpflichten, über alle abgerufenen oder gesendeten Daten eine Aufzeichnung zu führen, die dem Betroffenen (auf Wunsch) vorgelegt wird. Werden die Daten gespeichert, ergibt sich dies ohnehin aus den geltenden Datenschutzgesetzen. Es wäre wohl unproblematisch, diese Auskunftspflicht auch für Daten, die nur zur Kenntnis genommen, nicht aber gespeichert werden sollen, auszudehnen, d.h. die Speicherung (zu Nachweiszwecken) vorzuschreiben. Da eine unnötige Speicherung nach den Grundsätzen des Datenschutzes verhindert werden muß, sind diese Daten nach einer festgelegten Zeit zu löschen, soweit sie für die vertragsgemäßen Zwecke nicht weiter benötigt werden. Diese Löschungsfrist, die je nach Anwendung festzulegen ist, wird in vielen Fällen sicher kurz sein können (z.B. einige Monate). Erst damit erhält der Betroffene wirklich den gleichen Informationsstand wie der TEMEX-Anbieter.

Alternativ kommt für TEMEX-Endgeräte, die mit eigener Speicher- und Rechenkapazität ausgestattet sind, auch die Speicherung der Daten im Endgerät in Frage, die der Teilnehmer dann selbst abrufen kann. Diese Lösung, die im "Berliner Modell" ansatzweise (d.h. beschränkt auf den letzten Ablesezeitpunkt) realisiert wurde, wird allerdings nicht überall wirtschaftlich vertretbar sein, auch wenn in absehbarer Zeit ohnehin zunehmend "intelligente" Endgeräte zum Einsatz kommen werden. In aller Regel wird es auch ausreichen, dem Teilnehmer die Daten nur auf Wunsch zur Verfügung zu stellen.

Auch im Hinblick auf die Mißbrauchskontrolle dürften die bisherigen Vorschläge nur begrenzt wirksam sein, da im allgemeinen die Kontrolle über die Endeinrichtung beim TEMEX-Anbieter liegt. Beabsichtigt dieser eine mißbräuchliche Nutzung, kann er dies grundsätzlich durch eine Manipulation des Endgerätes (z.B. Ausschalten der Kontrollampe über TEMEX, Manipulation der Zähleranzeige) verbergen. Der Teilnehmer wird in aller Regel nicht zu einer wirksamen technischen Prüfung der Geräte, der Software und der tatsächlich übertragenen Daten in der Lage sein. Ziel muß es sein, dem Betroffenen gegenüber einen Mißbrauch ausschließen zu können, und nicht, ihm die Aufgabe der Mißbrauchskontrolle zu übertragen, die er im Grunde gar nicht wirklich wahrnehmen kann. Deshalb wird in Kapitel 8 ein Prüf- und Zulassungsverfahren für TEMEX-Anwendungen vorgeschlagen, das dem Betroffenen die notwendige Sicherheit gibt.

Damit soll nicht gesagt werden, daß die jetzt in Berlin und Nordrhein-Westfalen gesetzlich vorgeschriebenen Lösungen nicht für einzelne TEMEX-Anwendungen ein vertretbarer und gangbarer Weg sind. Insbesondere das "Berliner Modell" war für die konkrete TEMEX-Anwendung im Betriebsversuch der Berliner Wasserwerke sicher ein grundsätzlich geeignetes Instrument. Als allgemeine Lösung für die dargestellten Aufgaben (Auskunft, Mißbrauchskontrolle) erscheint dieser Weg jedoch nur beschränkt geeignet.

5.7 Zweckbindung

§ 53 Abs.3 KPPG bestimmt:

> "Soweit im Rahmen von Fernmeß- und Fernwirkdiensten personenbezogene Daten erhoben werden, dürfen diese nur zu den vereinbarten Zwecken verarbeitet zu werden. Sie sind zu löschen, wenn sie zur Erfüllung dieser Zwecke nicht mehr erforderlich sind."

Das MEG enthält eine ähnliche Vorschrift.

Dieser Regelung ist grundsätzlich zuzustimmen, da sie die logische Konsequenz aus dem Prinzip der Einwilligung ist. Da die Erhebung der Daten wegen des damit verbundenen Eindringens in den geschützten häuslichen Bereich nur mit der bewußten Einwilligung nach entsprechender Aufklärung zulässig ist, ist damit auch der erlaubte Verwendungsrahmen abgesteckt und begrenzt. Auch wenn die TEMEX-Nutzung im Rahmen eines Vertrages vereinbart wurde, bildet die Zweckbestimmung des Vertragsverhältnisses die Grenze. Für eine weitere Interessenabwägung bleibt kein Raum, da diese dem Betroffenen überlassen werden muß.

Bedenken könnten allenfalls gegen die absolute Verpflichtung zur Löschung der Daten geltend gemacht werden. Das BDSG verlangt in diesem Fall zwingend nur die Sperrung der Daten, wodurch beispielsweise wissenschaftliche Forschung mit den gesperrten Daten möglich bleibt. Wegen der höheren Eingriffsintensität (Verhaltensbeobachtung, Eindringen in den häuslichen Bereich) erscheint diese Lösung jedoch gerechtfertigt. Da das Löschen auch darin bestehen kann, daß der ursprüngliche Personenbezug der Daten endgültig beseitigt wird (vollständige Anonymisierung), bleiben statistische und wissenschaftliche Auswertungen in gewissem Umfang weiter möglich. Wird hierfür allerdings der Personenbezug benötigt, ist und bleibt die Einwilligung des Betroffenen erforderlich.

Da auch das Übermitteln der Daten eine Form der Verarbeitung ist, kollidiert die Vorschrift mit den Regelungen der StPO etc. über die Beschlagnahme, die anders als die Abhörregelungen (vgl. 4.2.3) grundsätzlich auch auf gespeicherte TEMEX-Daten anwendbar sind. Ein besonders problematisches Beispiel in dieser Hinsicht ist die "Rasterfahndung", für die bisher TEMEX-Daten noch gar nicht zur Verfügung standen. Werden solche Daten zukünftig im Rahmen einer "Rasterfahndung" verfügbar, wird eine neue Dimension erreicht, da den Staatsorganen damit eine ansonsten verbotene Verhaltensbeobachtung möglich werden kann. Da keineswegs klar ist, welcher der kollidierenden Vorschriften die Gerichte letztlich den Vorrang einräumen werden, sollte sich der Gesetzgeber mit dieser Frage bewußt auseinandersetzen. Für die Akzeptanz von TEMEX wird dies sicher weitreichende Folgen haben.

5.8 Datenschutzvorschriften der TKO

Grundsätzlich unterliegen sämtliche Daten aus einem Telekommunikationsverhältnis oder Kommunikationsvorgang dem Post- und Fernmeldegeheimnis, das nicht nur den Inhalt von Nachrichten schützt[10]. Unklar ist, ob dies auch für das bloße Bestehen eines Teilnehmerverhältnisses, d.h. unabhängig von der tatsächlichen Nutzung eines Telekommunikationsdienstes, gilt. Hinsichtlich des Telefondienstes (und anderer Dienste) wird dies von der Post bisher verneint, da hierfür amtliche Teilnehmerverzeichnisse herausgegeben werden, in die ein Betroffener nur in begründeten Ausnahmefällen nicht eingetragen wird. Für TEMEX-Anschlüsse ist ein solches Teilnehmerverzeichnis derzeit zwar nicht vorgesehen, doch bleibt die Frage, wie diese Daten einzuordnen sind, zunächst offen. Wie weiter oben dargelegt wurde, sind jedoch gerade diese Daten bei TEMEX vielfach in höchstem Grad sensibel (z.B. wenn Rückschlüsse auf gesundheitliche Verhältnisse möglich sind). § 449 TKO erlaubt der Post zunächst, diese Daten zu erheben und zu speichern,

> "soweit sie für die Begründung oder Änderung des Teilnehmerverhältnisses einschließlich seiner inhaltlichen Ausgestaltung erforderlich sind".

Weiter bestimmt § 454 TKO:

> (1) Die vom Teilnehmer erhobenen personenbezogenen Daten werden von der Deutschen Bundespost nicht zu anderen als Telekommunikationszwecken verwendet.

---

[10]   vgl. hierzu 4.2.3

> (2) An Dritte werden diese Daten
> nicht weitergegeben, es sein denn,
> die Weitergabe ist gesetzlich erlaubt
> oder der Teilnehmer hat der Weiter-
> gabe schriftlich zugestimmt.

Da die TKO als Rechtsverordnung keine solche
gesetzliche Vorschrift im Sinne von § 454 Abs.2
TKO darstellt, wäre die Veröffentlichung eines
amtlichen Teilnehmerverzeichnisses beispielsweise
auch für den Telefondienst nur mit schriftlicher
Zustimmung aller dort aufgeführter Teilnehmer zulässig. § 246 Abs.2 TKO, der den Eintrag von
Amts wegen vorschreibt, steht damit im
Widerspruch zu § 454 Abs.2 TKO. Zumindest im
Hinblick auf TEMEX könnte ein solcher Widerspruch
keinesfalls hingenommen werden, weshalb hier eine
eindeutige Klarstellung zu fordern ist.

Angesichts der vielfach bestehenden Notwendigkeit, bereits das Bestehens einer TEMEX-Verbindung zu einem bestimmten TEMEX-Anbieter geheimzu-
halten, müssen diese Daten zweifelsfrei in den
Schutzbereich des Post- und Fernmeldegeheimnisses
einbezogen werden, falls dieses Grundrecht im
Hinblick auf TEMEX nicht leerlaufen soll. Auch
dies sollte daher verbindlich klargestellt werden. Dies hat auch zur Folge, daß nicht jedes Gesetz, das eine Weitergabe dieser Daten zuläßt,
als Rechtsgrundlage für eine Übermittlung herangezogen werden kann, sondern nur ein Gesetz, das
das Post- und Fernmeldegeheimnis in dieser
Hinsicht explizit beschränkt.

§ 450 TKO erlaubt die Erhebung, Speicherung und
Verarbeitung von Verbindungsdaten, soweit dies
erforderlich ist, um die in Anspruch genommene
Dienstleistung zu erbringen. Diese Daten sind
(mit bestimmten Ausnahmen) nach Beendigung der
Verbindung zu löschen. Die einzige bei TEMEX mögliche Ausnahme von diesem Löschungsgebot enthält
§ 452 TKO, der ein Erheben, Speichern und Verarbeiten (auch beliebiger weiterer Daten) erlaubt,

> "soweit (dies) aus betrieblichen
> Gründen, insbesondere zur Störungs-
> eingrenzung und -beseitigung, Verhin-
> derung mißbräuchlicher Verwendung von
> Telekommunikationseinrichtungen sowie
> zur Optimierung des öffentlichen
> Telekommunikationsnetzes erforderlich
> (ist)".[11]

Auch die auf dieser Grundlage gespeicherten Daten
müssen nach Wegfall des Grundes der Speicherung
gelöscht werden (§ 452 Satz 2 TKO).
Gebührendaten und Daten bei Vergleichszählung
fallen bei TEMEX in der derzeitigen Ausgestaltung
des Dienstes nicht an.

Die Post bietet als Netzdienstleistung (Mehrwertdienst) bei TEMEX die Ausführung von Sammelauf-
forderungen, d.h. die Übermittlung von Fernwirk-
informationen zu festgelegten Zeiten, an, wobei
auch eine Zwischenspeicherung der Inhaltsdaten
erfolgen kann. § 458 Abs.2 TKO legt hierzu fest:

> "Fernwirkinformationen, die personen-
> bezogene Daten sind, werden von der
> Deutschen Bundespost ausschließlich
> auf Antrag von Versorgungsunternehmen
> und nur zur Ermittlung des Verbrauchs
> ihrer Kunden vorübergehend gespei-
> chert. Diese Fernwirkinformationen
> zur Verbrauchsermittlung werden nur
> gespeichert, soweit sie zur Abrech-
> nung des verbrauchten Gutes erforder-
> lich sind; sie werden spätestens nach
> vier Werktagen dem Fernwirkanbieter
> übermittelt und danach bei der Deut-
> schen Bundespost gelöscht."

---

[11]   Die ebenfalls genannte Möglichkeit der Anonymisierung ist einer Löschung dann gleich-
zusetzen, wenn die Wiederherstellung des
Personenbezuges nicht mehr möglich ist.

Hinsichtlich der explizit genannten Daten von Versorgungsunternehmen stellen die Zeitbefristung für eine mögliche Zwischenspeicherung und das Löschungsgebot zusammen mit der bereits oben zitierten Zweckbindungs- und Weitergaberegelung (s 454 TKO) sicher geeignete und ausreichende Datenschutzmaßnahmen dar. Einer mißbräuchlichen Verwendung der Daten durch die Post oder durch Dritte wird damit wirksam entgegengewirkt. Unklar bleibt jedoch, wie die Post überprüfen kann, ob die Daten "zur Abrechnung des verbrauchten Gutes erforderlich sind" oder ob das Versorgungsunternehmen im Einzelfall andere (evtl. durchaus zulässige) Zwecke verfolgt. Dies würde ein (zumindest kontrollierendes) Einwirken auf einen Bereich erfordern, der außerhalb des Netzbereiches liegt, an dem die Zuständigkeit der Post auch rechtlich endet. Da der Sinn der Regelung äußerst wichtig ist (die Post darf sich als staatliche Stelle nicht zum "Handlanger" Dritter beim Eingriff in geschützte Rechte des Betroffenen machen), der Post eine entsprechende Kontrollmöglichkeit aus (wettberwerbs)rechtlichen Gründen jedoch nicht zugestanden werden kann, besteht die Notwendigkeit, die Kontrolle anderweitig sicherzustellen[12].

Problematischer ist jedoch der Fall, daß eine Zwischenspeicherung der Daten für andere TEMEX-Anbieter, die keine Versorgungsunternehmen sind, erfolgt. s 458 TKO schließt dies ja nicht generell aus, sondern nur für den Fall, daß es sich um personenbezogene Daten handelt. Dies wiederum kann die Post jedoch selbst gar nicht beurteilen, da sich dies erst aus der Gesamtbetrachtung des jeweiligen TEMEX-Verfahrens ergibt. Ein wirksamer Schutz des Betroffenen, der sicher unabdingbar ist, kann hierdurch nicht erreicht werden.

In beiden Fällen stellt sich neben der Frage des Schutzes des Betroffenen gegen einen Mißbrauch

---

[12]   vgl. hierzu Kapitel 7

seiner Daten auch das Problem, ob durch die Erhebung und Verarbeitung der Daten durch die Post in das Recht auf informationelle Selbstbestimmung eingegriffen wird (vgl. 4.2.2). Die Post tritt dem Betroffenen in jedem Fall als staatliche Stelle gegenüber, auch wenn sie die Daten nicht für eigene Zwecke erhebt und speichert. Daher bedarf die Datenerhebung grundsätzlich der Einwilligung des Betroffenen. Ausnahmen, wie sie das BVerfG im Volkszählungsurteil im überwiegenden Interesse des Gemeinwohls zuläßt, sind hier nicht erkennbar, da das Interesse des TEMEX-Anbieters im allgemeinen nicht als gleichwertig angesehen werden kann. Daher kann sich die Post nicht damit begnügen, den TEMEX-Anbieter auf seine "datenschutzrechtliche Verantwortung" hinzuweisen. In den Fällen, in denen sie selbst Daten beim Betroffenen erhebt, bedarf sie der Einwilligung. Die verwaltungsmäßige Abwicklung des Einholens der Einwilligung braucht die Post dabei nicht unbedingt selbst übernehmen. Sie kann diese Verpflichtung auch auf den TEMEX-Anbieter übertragen, der ihr dann die Einwilligungen vorzulegen bzw. zur Prüfung bereitzuhalten hat.

Auch im übrigen reicht die Vorschrift in s 458 Abs.1 TKO, nach der "Fernwirkanbieter in eigener datenschutzrechtlicher Verantwortung verpflichtet (sind), ihre Kunden insbesondere über die Voraussetzungen, den Umfang und den Zeitpunkt der Informationsübermittlung zu unterrichten", für einen wirksamen Schutz der Betroffenen nicht aus. Denn auch hier kann die Post nicht prüfen, ob dies ordnungsgemäß und vollständig erfolgt. Außerdem erscheint es zweifelhaft, ob die Post die Einhaltung dieser Verpflichtung überhaupt als Anschlußvoraussetzung für einen TEMEX-Anbieter festlegen kann. Sollte dies jedoch nicht beabsichtigt sein, und der Hinweis auf die "eigene datenschutzrechtliche Verantwortung" des TEMEX-Anbieters legt diesen Schluß nahe, hat die Vorschrift nur deklaratorische Bedeutung, was sicher zu wenig ist.

6

Modell einer anonymen Verbrauchsdatenerfassung

6.1   Vorbemerkungen

In diesem Kapitel soll eine Möglichkeit skizziert werden, die Ablesung von Verbrauchsdaten (z.B. Stromverbrauch) beliebig häufig zuzulassen, ohne daß hierdurch ein personenbezogenes Verbraucherprofil entsteht. Dies wird dadurch erreicht, daß der Verbraucher dem Energieversorgungsunternehmen nur unter einem sich immer wieder ändernden Pseudonym bekannt wird und somit anonym bleibt. Selbstverständlich muß die korrekte Abrechnung des Verbrauches dabei sichergestellt und die Erfüllung der Zahlungsverpflichtungen wie herkömmlich garantiert werden. Als weiteres Ziel wird angestrebt, die Übermittlung der Verbrauchsdaten fälschungssicher zu machen und alle anderen Stellen (z.B. Post, Mithörer auf der Leitung) an einer Kenntnisnahme der Meßdaten zu hindern.

Im übrigen wurde versucht, die heute übliche Art der Verbrauchsabrechnung möglichst beizubehalten, bei der das Versorgungsunternehmen in größeren zeitlichen Abständen den tatsächlichen Verbrauch der Kunden erfährt und in Rechnung stellen kann. Die Anonymität des Kunden soll daher nicht in absoluter Weise gewahrt werden, sondern nur insoweit als TEMEX neue Abfragemöglichkeiten eröffnet.

Das vorgestellte Modell stellt lediglich ein mögliches Beispiel für ein solches Verfahren dar, das nicht den Anspruch erhebt, eine optimale praktische Lösung zu sein und alle möglicherweise relevanten Aspekte ausreichend zu berücksichtigen. Ziel ist, die Möglichkeit eines solchen Verfahrens und die Durchführbarkeit mit den heute bestehenden technischen Mitteln darzustellen.

Dem Modell liegen implizit folgende Prämissen zugrunde, die die Allgemeingültigkeit zwar einschränken, in vielen praktischen Fällen jedoch erfüllt sein dürften:

- Die Verbrauchsdatenerfassung findet bei einer hinreichend großen Zahl von Verbrauchern statt, bei denen ungefähr gleiche Bedingungen vorliegen (z.B. typische Privathaushalte). Bei Verbrauchern, die in ihrem Verbrauch auffällige Besonderheiten aufweisen (z.B. Industriebetriebe mit spezifischem Verbrauchsprofil) kann die Anonymität naturgemäß nicht mehr sichergestellt werden.

- Die Versorgungsunternehmen führen neben der individuellen Verbrauchsdatenerfassung über TEMEX zusätzliche andere Messungen in der Regel nur auf der Basis größerer Teilnetze durch, an die jeweils wiederum eine hinreichend große Zahl vergleichbarer Einzelverbraucher angeschlossen sind. Diese Bedingung, die in einer Großstadt vermutlich leicht zu erfüllen ist, kann in ländlichen Gebieten eventuell Probleme bereiten[1].

---

[1] Sofern die Rahmenbedingungen für eine Anonymisierung nicht erfüllt sind, muß man sich im Einzelfall entscheiden, ob eine andere technische Lösung (z.B. ein Zähler, der nur in größeren Zeitabständen abgelesen werden kann) gewählt wird, oder ob das Risiko für die Privatsphäre in Kauf genommen wird.

6.2 Protokoll basierend auf kryptographischen Verfahren

Das grundlegende Mittel, um die genannten Ziele des Modells zu erreichen, besteht im Einsatz kryptographischer Verfahren[2]. Diese Verfahren, bei denen es darum geht, eine Nachricht so zu verändern (zu verschlüsseln), daß sie nur der berechtigte Empfänger lesen (entschlüsseln) kann, stammen ursprünglich aus dem Bereich von Diplomatie und Militär. Sie sind jedoch bereits heute zu einem unverzichtbaren Instrument der Datenverarbeitung und Datenübermittlung geworden, da beim heutigen Stand der Technik nur auf diese Weise Vertraulichkeit und Schutz gegen Verfälschung von Daten erreicht werden kann. In allen modernen Datenübertragungsprotokollen, bei denen Aspekte der Zuverlässigkeit wesentlich sind, wird Kryptographie eingesetzt oder in naher Zukunft eingesetzt werden.

Da die Verschlüsselung von Daten zwangsläufig Rechenzeit benötigt, ist der Einsatz problematisch, wenn es um große Datenmengen und hohe Datenraten geht. Im hier betrachteten Fall der Verbrauchsdatenerfassung über TEMEX spielen beide Aspekte jedoch keine Rolle, weshalb dieses Gebiet für die Erprobung neuer Protokolle auch auf der Basis aufwendiger Verschlüsselungsverfahren geradezu prädestiniert sein dürfte. Selbstverständlich führt aber auch hier der Einsatz von Kryptographie zu einem Mehraufwand (Prozessorleistung, Datenvolumen). Dieser zusätzliche Aufwand, der im

---

[2] Eine gute Einführung in kryptographische Verfahren findet sich in Ryska, Herda: "Kryptographische Verfahren in der Datenverarbeitung", Berlin, 1980.

Laufe der weiteren technischen Entwicklung immer
leichter zu erbringen sein wird, ist gegen die
Vorteile, die mit diesem Verfahren erreicht werden können, abzuwägen.

Im folgenden sollen die Grundbegriffe der Kryptographie insoweit kurz erläutert werden, als dies
für das Verständnis des vorgeschlagenen Modells
wesentlich ist. Das Prinzip eines kryptographischen Verfahrens soll nachstehendes Schaubild er-
läutern:

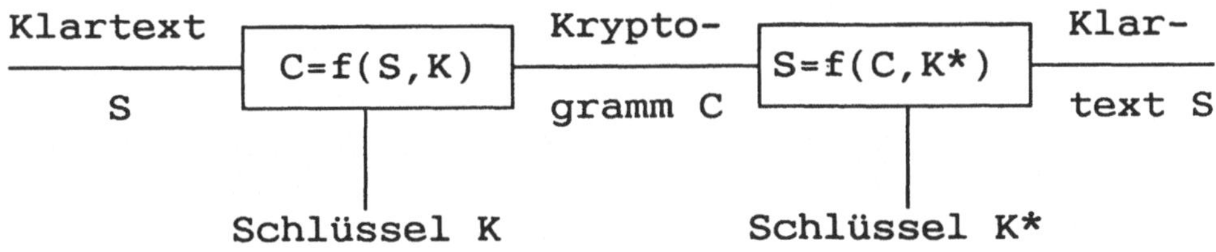

ABBILDUNG 3

Die Nachricht (Klartext S) wird nach einem mathe-
matischen Verfahren unter Verwendung eines
Schlüssels K in einen Schlüsseltext (Kryptogramm
C) umgewandelt.

Das Kryptogramm wird über eine Leitung zum Empfänger übertragen, der hieraus unter Zuhilfenahme
des Schlüssels K* die ursprüngliche Nachricht
zurückerhält. Wesentlich ist nun, daß jeder, der
das Kryptogramm (unberechtigterweise) mitlesen
kann, die eigentliche Nachricht nur dann
entziffern kann, wenn er den (geheimzuhaltenden)
Schlüssel K* kennt.

Das mathematische Verfahren, mit dem die Verschlüsselung durchgeführt wird, kann dabei durchaus bekannt sein[3]. In der Praxis handelt es sich
bei Klartext, Schlüsseltext und Schlüsseln
jeweils um Bit-Folgen, die mittels EDV umgewandelt werden.

Bis heute wurde eine Vielzahl von Verfahren, die
diese Eigenschaften besitzen, entwickelt und in
der Literatur ausführlich beschrieben. Die wohl
bekanntesten sind der Data Encryption Standard
(DES)[4], der vom amerikanischen National Bureau of
Standards als Norm herausgegeben wurde, und der
RSA-Algorithmus (benannt nach seinen Erfindern:
Rivest, Shamir, Adleman)[5].

Beim DES handelt es sich um ein "symmetrisches
Verfahren", bei dem die beiden Schlüssel K und K*
identisch sind, d.h. Sender und Empfänger besitzen den gleichen Schlüssel, der gegenüber allen
anderen geheim zu halten ist. Ein solches symmetrisches Verfahren ist für das vorliegende Problem nur teilweise geeignet, da eine Verteilung
der Schlüssel bei einer großen Zahl von Beteiligten sehr aufwendig wäre. In dem vorgeschlagenen
Modell kann ein symmetrisches Verfahren zur
Lösung eines Teilproblemes verwendet werden,
wobei sich zeigt, daß in diesem Fall auf eine
Schlüsselverteilung verzichtet werden kann.

---

[3] Für ein gutes kryptographisches Verfahren
     wird sogar direkt gefordert, daß der Algo-
     rithmus offengelegt wird, um eine wissen-
     schaftliche Prüfung zu ermöglichen. Die
     Sicherheit darf dabei nur vom geheimen
     Schlüssel abhängen.
[4] "Data Encryption Standard", FIPS PUB 46,
     National Tech. Info. Service, Springfield,
     VA, 1977
[5] R.L. Rivest, A. Shamir and L. Adleman: "A
     Method for Obtaining Digital Signatures and
     Public-Key Cryptosystems", Comm.ACM, vol.21,
     pp.120-126, Feb. 1978

Benötigt wird daneben jedoch insbesondere ein "asymmetrisches Verfahren" (public key system)[6], bei dem die beiden Schlüssel K und K* verschieden sind, und bei dem es praktisch nicht möglich ist, den einen Schlüssel aus dem anderen abzuleiten. In diesem Fall kann einer der beiden Schlüssel allgemein bekannt gemacht werden, so daß jeder eine Nachricht verschlüsseln kann, die dann jedoch nur der Besitzer des zugehörigen geheimen Schlüssels wieder lesen kann.

---

[6] Asymmetrische Verfahren, die wesentlich vielseitiger als die klassischen, symmetrischen Verfahren sind, wurden erstmals vorgeschlagen von W. Diffie und M.E. Hellman: "New Directions in Cryptographie", IEEE Trans.Info.Th., vol. IT-22, pp. 644-654, Nov. 1976

6.3   Grundzüge des Modells

Über TEMEX können grundsätzlich beliebige Nachrichten übermittelt werden, für die abhängig von der verwendeten Schnittstelle ein festes Format vereinbart werden kann. Im folgenden wird angenommen, daß die Post eine Schnittstelle zur Verfügung stellt, mit der Nachrichten in folgendem Format übertragen werden können:

> Empfängeradresse
> Absenderadresse
> Inhalt der Nachricht

Die Länge der einzelnen Teile der Nachricht wird sich an den praktischen Bedürfnissen (Zahl der Teilnehmer im Netz etc.) orientieren; sie wird jedoch wahrscheinlich größer als bei den heute angebotenen Schnittstellen sein. Geeignet wäre z.B. jeden Teil der Nachricht als Block von 64 bit darzustellen, was der in vielen heute verbreiteten Verschlüsselungsverfahren üblichen Länge entspricht.

Der Ansatz des Modells unterscheidet sich von der bisher erprobten Praxis einer automatisierten Verbrauchsdatenerfassung zunächst wesentlich dadurch, daß auf der Seite des Kunden ein Zähler installiert wird, der aktiv am Übertragungsgeschehen beteiligt ist. D.h. Versorgungsunternehmen und Kunde sind gleichermaßen aktive Kommunikationspartner.

Ein weiterer wesentlicher Gesichtspunkt ist, daß die einzelnen Teile der Nachricht (Empfängeradresse, Absenderadresse, Inhalt) getrennt behandelt (d.h. verarbeitet, modifiziert) werden können. Im einzelnen ist folgendes vorzusehen:

Der **Inhalt der Nachricht** wird vor der Übertragung verschlüsselt, so daß weder die Post noch ein unbefugter Dritter diesen während der Übertragung zur Kenntnis nehmen kann. Sofern der Inhalt der Nachricht eine gewisse Redundanz aufweist (z.B. Prüfziffern), können Fehler oder Manipulationen während der Übertragung zuverlässig erkannt werden.

Im Falle der Verbrauchsdatenerfassung sollte als Verschlüsselungsverfahren zweckmäßigerweise ein public-key-Algorithmus (z.B. RSA) verwendet werden, da in diesem Fall das Versorgungsunternehmen einen öffentlichen Schlüssel bereitstellen kann, der von allen Kunden benutzt wird. Das Versorgungsunternehmen kann mit seinem privaten (geheimen) Schlüssel die Meßwerte der Kunden wieder entschlüsseln.

Die **Empfängeradresse** (z.B. TEMEX-Teilnehmernummer des Versorgungsunternehmen) wird unverschlüsselt übertragen und ist nur für den TEMEX-Rechner der Post von Bedeutung. Möglich ist dabei allerdings, daß der Post-Rechner in diesem Feld bestimmte Veränderungen vornimmt ("Anmerkungen der Post").

Hinsichtlich der **Absenderadresse** sind zwei Fälle zu unterscheiden:

a)   Die TEMEX-Abfrage erfolgt zum Zweck der Verbrauchsabrechnung (Abrechnungsablesung): Als Absenderadresse wird eine eindeutige Kundennummer angegeben.

b)   Sonstige Temex-Abfragen: Im Zähler wird ein Pseudonym[7] erzeugt und als Absenderadresse übertragen. (Statistische Ablesung)

---

[7]   Die Verwendung von Pseudonymen zum Schutz der Privatsphäre wurde für den Bereich anonymer Zahlungs-Systeme erstmals vorgeschlagen von CHAUM, David: "Security without identification: Card Computers to make Big

Pseudonym und Kundennummer stehen für das Versorgungsunternehmen dabei in keiner erkennbaren Beziehung, so daß die entsprechenden Daten eines Kunden nicht zusammengeführt werden können. Da davon ausgegangen wird, daß Abrechnungen auch in Zukunft nur in größeren Zeitabständen durchgeführt werden, erhält das Versorgungsunternehmen auf diese Weise keine zusätzlichen personenbezogene Kenntnisse, wohl aber beliebig detaillierte statistische Verbrauchsinformation.

Brother obsolete", Comm.ACM 28(10), pp. 1030-1044 (1985); dt. Übersetzung "Sicherheit ohne Identifizierung" in Informatik-Spektrum (1987) 10, S.262-277

6.4   Einzelfragen des Modells

In dem Modell werden zwei verschiedene Abfragen
der Meßeinrichtungen vorgeschlagen (Abfrage zum
Zweck der Abrechnung, statistische Abfrage), die
unterschiedliche Antworten zur Folge haben. Beide
Abfragearten werden aber (in der Regel) vom Ver-
sorgungsunternehmen ausgelöst, das hierzu den
Zähler des Kunden ansprechen (adressieren) muß.
Im Falle der Abrechnungs-Abfrage stellt dies kein
Problem dar, da der Zähler des Kunden selbstver-
ständlich eine eindeutige Kennung (z.B. Kunden-
nummer) besitzen kann, die dem TEMEX-Rechner der
Post als Empfängeradresse einer Nachricht überge-
ben werden kann. Die Post setzt dann anhand eines
Verzeichnisses die Kundennummer in die zugehörige
TEMEX-Anschlußnummer um und löst die Zählerab-
frage aus.

Bei "statistischen Abfragen" würde dieses Vorgehen jedoch die durch die Verwendung von Pseudonymen angestrebte Anonymität der Kunden wieder
aufheben, sofern Einzelabfragen möglich sind. Aus
diesem Grund sollten bei statistischen Abfragen
nur Sammelabfragen, die sich auf eine Vielzahl
von Kunden erstrecken, zugelassen werden. Dies
kann auf unterschiedlichem Wege sichergestellt
werden (z.B. Sammeln der Abfagewünsche bei der
Post, bis eine ausreichende Anzahl erreicht ist;
zufallsgesteuerte Zeitverzögerungen bei der Antwort, so daß Abfrageauftrag und Antwort nicht
mehr korreliert werden können). Die einfachste
und vermutlich auch sachgerechteste Lösung dürfte
jedoch sein, eine Sammelabfrage auf der Basis von
(hinreichend großen) Teilnetzen[8] des Versorgungsnetzes vorzusehen. Wenn beispielsweise die ersten

---

[8]   Teilnetze könnten je nach Einwohnerzahl, die
      nicht zu klein werden darf, Stadtteile,
      Straßenzüge oder Wohnblocks sein.

Ziffern der Kundennummer die Zugehörigkeit zu
einem bestimmten Teil des Versorgungsnetzes festlegen, reicht es aus, dem TEMEX-Rechner der Post
diese ersten Ziffern zu übergeben, um dann bei
allen Kunden dieses Teilnetzes die Abfrage auszulösen. Allerdings muß der Post-Rechner die Tatsache, daß es sich um eine statistische Sammelan-
frage handelte, an den Zähler des Kunden in geeigneter Weise weiterleiten ("Anmerkung der
Post").

Eine weitere Möglichkeit zur Aufhebung der Anonymität des Kunden bei statistischen Abfragen des
Zählerstandes wäre dann gegeben, wenn während der
gesamten Abrechnungsperiode stets das gleiche
Pseudonym verwendet würde. Denn dann wäre durch
einen Vergleich der gemessenen Zählerstände eine
Zuordnung von Kundennummer und Pseudonym vergleichsweise leicht möglich. Vor diesem Hintergrund wäre es günstig, wenn der Zähler des Kunden
bei jeder Abfrage ein neues Pseudonym verwenden
würde (in diesem Fall könnte man natürlich auf
Pseudonyme ganz verzichten). Dem steht jedoch das
Interesse des Versorgungsunternehmens entgegen,
die Daten einer größeren Folge von Messungen miteinander verknüpfen zu können. Zwischen beiden
Extremen muß daher ein Mittelweg gefunden werden:
Die Pseudonyme sollen während einer Abrechnungsperiode (z.B. 1 Jahr) mehrmals gewechselt werden
(z.B. alle 2 Monate). Verwendet man zur Ablesung
bei statistischen Abfragen eine separate Anzeige-
vorrichtung, die bei jedem Pseudonymwechsel auf
Null zurückgestellt wird, ist die nachträgliche
Zusammenführung der statistischen Messungen mit
den Abrechnungs-Messungen beträchtlich er-
schwert[9].

---

[9]   Beispielsweise müßten bei einem Teilnetz von
       1000 Kunden und einem sechsmaligen Pseud-
       onymwechsel größenordnungsmäßig 10^9 ver-
       schiedene Kombinationsmöglichkeiten durch-
       probiert werden, um die Zuordnung für einen
       Kunden zu erreichen. Dabei wäre die Eindeu-

Die Erzeugung der Pseudonyme und der Wechsel der
Pseudonyme sollen möglichst automatisch und ohne
Eingriff des Kunden erfolgen. Es erscheint sinnvoll auch hierfür ein Verschlüsselungsverfahren
einzusetzen, durch das sichergestellt wird, daß
verschiedene Kunden auch verschiedene Pseudonyme
verwenden. Beispielsweise kann die Kundennummer
zusammen mit einer bei jedem Pseudonymwechsel neu
generierten Zufallszahl mit Hilfe eines geheimen
Schlüssels des Kunden verschlüsselt werden. Eine
Umkehrung dieses Verfahrens braucht es hierbei
nicht zu geben, weshalb ohne weiteres ein symmetrisches Verfahren wie der DES verwendet werden
könnte. Der geheime Schlüssel muß vom Kunden nur
bei der erstmaligen Verwendung des Zählers eingegeben werden. Da sich bei einem guten kryptographischen Verfahren bereits die Änderung einiger
beliebiger Zeichen des Klartextes im ganzen
Kryptogramm auswirken, haben die entstehenden
Pseudonyme keine Ähnlichkeit miteinander, obwohl
jeweils die Kundennummer Teil des Klartextes ist.
Dadurch, daß die Kundennummer mit verwendet wird,
wird aber (in aller Regel) die Eindeutigkeit der
Pseudonyme erreicht.

Die Versorgungsunternehmen haben natürlich ein
Interesse daran, auch bei statistischen Abfragen
einzelne Angaben über den Kunden zu erhalten[10].
Dieser Informationsbedarf wird bei jedem
Versorgungsunternehmen verschieden sein und soll
hier nicht näher untersucht werden. Solange
derartige Angaben nicht so detailliert sind, daß
die Zahl der Kunden mit gleichen Merkmalen zu
klein wird, spricht nichts dagegen, diese
Informationen zusammen mit den Meßdaten zu
übertragen. Sie müssen hierzu bei der Aufstellung
des Zählers zunächst fest eingegeben werden.

---

    tigkeit der Zuordnung nicht einmal gewähr-
    leistet.

[10]   z.B. Privathaushalt/Unternehmen, ungefähre
Wohnungsgröße, vorhandene Sondereinrich-
tungen etc.

Wieviele derartige Merkmale (und in welchen Merkmalsausprägungen) ohne Gefährdung der Anonymität der Kunden zugelassen werden können, hängt nicht zuletzt von der Größe der Teil-Versorgungsnetze ab, und erfordert im Einzelfall sorgfältige Untersuchungen.

Nach den bisherigen Ausführungen wäre es für das Versorgungsunternehmen immer noch möglich, die Vorkehrungen zur Wahrung der Anonymität der Kunden bei häufigen Verbrauchsmessungen dadurch zu unterlaufen, daß häufig sogenannte Abrechnungs-Ablesungen durchgeführt werden. Dies kann jedoch einfach verhindert werden, indem Abrechnungs-Ablesungen normalerweise nur zu einem fest programmierten Zeitpunkt automatisch ausgelöst werden (z.B. einmal jährlich). Daneben könnte man auch dem Kunden die Möglichkeit geben, eine Abrechnungs-Ablesung auf Knopfdruck auszulösen (z.B. bei Mieterwechsel). Ausnahmsweise kann eine Abrechnungs-Ablesung auch durch das Versorgungs-unternehmen veranlaßt werden (z.B. wenn der Kunde sich weigert, eine Schlußablesung vorzunehmen); in diesem Fall sollten dann aber weitere Ablesungen über TEMEX für einige Zeit automatisch gesperrt werden, um einen Mißbrauch zu vermeiden.

6.5 Zusammenfassende Darstellung

Der Kunde des Versorgungsunternehmens erhält einen Zähler mit zwei Ableseeinrichtungen Z_1 und Z_2. Die eine Ableseeinrichtung Z_1 zeigt den Verbrauch seit Installation des Zählers (wie herkömmlich) an und dient insbesondere dazu, dem Kunden die Kontrolle der Richtigkeit der Rechnungstellung zu ermöglichen. Die andere Ableseeinrichtung Z_2 kann demgegenüber immer wieder auf Null zurück gestellt werden und zeigt den Verbrauch seit der letzten Nullstellung an (ähnlich wie ein Tageskilometerzähler im Auto). Beide Ableseeinrichtungen können über TEMEX abgefragt werden.

Der Zähler des Kunden enthält weiterhin eine Speichereinheit und einen Prozessor-Chip. Dabei wird weder eine hohe Speicherkapazität noch eine hohe Prozessorleistung benötigt.

Die Speichereinheit enthält folgende Daten, die bereits bei der Installation des Zählers vom Versorgungsunternehmen bzw. vom Kunden eingegeben werden:

-   Kundennummer (hierarchisch aufgebaut entsprechend der Struktur des Versorgungsnetzes)

-   statistische Angaben über den Kunden

-   "public key" des Versorgungsunternehmens: P

-   "secret key" des Kunden: K (Kundeneingabe)

Der Prozessor ist in der Lage, folgende Programme, die ebenfalls im Zähler gespeichert sind auszuführen:

- Verarbeitung eingehender Nachrichten (d.h. Durchführung der notwendigen Ablesungen und Rückübertragung von Daten entsprechend dem vorgeschlagenen Protokoll)

- Erzeugung einer Zufallszahl: R

- Verschlüsselung eines Datenblocks (z.B. 64 bit) mit einem asymmetrischen Kryptographischen Verfahren (z.B. RSA)

- Verschlüsselung eines Datenblockes mit einem beliebigen Verfahren (z.B. DES, RSA)

- Rückstellung der Zähleranzeige Z_2

- Sperrung des Zählers für eine bestimmte Zeit für Ablesungen über TEMEX.

Die technische Realisierung von Speichereinheit und Prozessor kann beispielsweise durch eine Chip-Karte erfolgen, die in den Zähler beim Kunden eingesetzt wird. Dies stellt nicht nur eine kostengünstige sondern auch eine äußerst flexible Lösung dar, da spätere Programmänderungen (z.B. Änderung des Übertragungsprotokolls) leicht nachvollzogen werden können (Auswechseln der Chip-Karte).

Der TEMEX-Rechner der Post ist in der Lage, die Kundennummer (vom Versorgungsunternehmen vergeben) in die TEMEX-Anschlußnummer des Kunden umzusetzen[11]. ().

---

[11]   Natürlich kann als Kundennummer auch die TEMEX-Nummer gewählt werden, was diese Umsetzung erübrigt. Allerdings können dann Schwierigkeiten mit der zweckmäßigen Abgrenzung von Sammelabfragen entstehen, da das Postnetz im allgemeinen nicht mit der Struktur des Versorgungsnetzes korrespondieren wird.

Das Übertragungsprotokoll wird für den Fall der Abrechnungsablesung und den Fall der statistischen Ablesung getrennt dargestellt:

A. Abrechnungsablesung

Versorgungsunternehmen sendet an Post:

Empfänger		Absender	Nachricht
Netz Nr.	Kunde Nummer	TEMEX-Nr E-Werk	Zähler ablesen

ABBILDUNG 4

Die Post benutzt die Absenderangabe dazu, die Kundennummer in die TEMEX-Nummer des Kunden umzusetzen und leitet die Nachricht an diesen im übrigen unverändert weiter.

Im Zähler des Kunden wird festgestellt, daß eine Abrechnungsablösung gewünscht wird, da die Nachricht keine Kennung erhält, die sie als Sammelanforderung ausweisen würde (näheres hierzu unter B.). Da Abrechnungsablesungen in dem vorgeschlagenen Modell in der Regel vom Zähler ausgelöst werden, wird der Zähler für eine festgelegte Zeit gegen jede weitere TEMEX-Abfrage gesperrt und folgende Nachricht zurückgeschickt:

Empfänger	Absender	Nachricht
TEMEX-Nr. Versorg.untern.	Kunden- Nummer	$(\text{Zählerstand } Z_1)^P$

ABBILDUNG 5

Dabei bedeutet (Zählerstand Z_1)^P daß der Zählerstand mit dem Schlüssel P verschlüsselt wurde
(d.h. mit dem "public key" des Versorgungsunternehmens. Der Inhalt der Nachricht ist damit sowohl für die Post als auch für jeden Dritten
nicht lesbar. Nur das Versorgungsunternehmen, das
den zugehörigen geheimen Schlüssel besitzt, kann
die Nachricht (d.h. den Zählerstand) weiter verarbeiten und die Abrechnung erstellen.

Nach Ablauf einer festgelegten Zeit wird der Zähler beim Kunden die Sperrung wieder aufheben, so
daß weitere Ablesungen erfolgen können.

B. Statistische Ablesung

Die vom Versorgungsunternehmen an die Post gesandte Nachricht unterscheidet sich nur dadurch
von dem oben behandelten Fall, daß jetzt keine
vollständige Kundennummer mehr als Empfänger angegeben wird, sondern nur noch die (Teil)Netz
Nummer.:

Empfänger		Absender	Nachricht
Netz Nr.		TEMEX-Nr E-Werk	Zähler ablesen

ABBILDUNG 6

Anhand des bei der Post geführten Verzeichnisses
der Kundennummern des Versorgungsunternehmens
werden die TEMEX-Nummern aller betroffenen Kunden
ausgewählt und die Nachricht an diese weitergeleitet. Zur Kennzeichnung, daß es sich um eine
Sammelablesung (d.h. statistische Ablesung) handelt, nimmt der Post-Rechner nun jedoch einen
Eintrag in der Nachricht vor. Sofern man - wie
hier skizziert - ein festes Datenformat für alle
Übertragungen verwendet (obwohl vielfach weniger

Daten tatsächlich übertragen werden müßten) kann beispielsweise das Feld "Empfänger", das für die Verbindung zwischen Post und TEMEX-Anschluß des Kunden ja nicht mehr benötigt wird, durch eine besondere, eindeutige bit-Folge ersetzt werden.

Die Antwort des Zählers beim Kunden sieht nun in diesem Fall wie folgt aus:

Empfänger	Absender	Nachricht
TEMEX-Nr. Versorg.untern.	Pseudonym $(KdNr + R)^k$	$(Zählerstand\ Z_2)^P$

ABBILDUNG 7

Als Absender wird nun also ein Pseudonym angegeben, das aus der Kundennummer und der Zufallszahl R durch Verschlüsselung mit dem geheimen Schlüssel k des Kunden entsteht. Der Zählerstand wird wie oben zusammen mit den im Zähler gespeicherten statistischen Angaben mit dem "public key" des Versorgungsunternehmens verschlüsselt. Die Post leitet diese Nachricht wieder unverändert an das Versorgungsunternehmen weiter.

Der Zähler des Kunden generiert in bestimmten, festgelegten Zeitabständen eine neue Zufallszahl R und setzt gleichzeitig den Anzeiger Z_2 auf Null zurück. Damit wird bei der nächsten Abfrage automatisch ein neues Pseudonym verwendet.

Die Wahrung der Anonymität des Kunden basiert (neben den eingangs genannten Aspekten) natürlich darauf, daß Post und Versorgungsunternehmen nicht unerlaubterweise zusammenarbeiten. Denn die Post ist selbstverständlich rein physikalisch dazu in der Lage, die Herkunft einer mit Pseudonym versehenen Nachricht zurückzuverfolgen. Da die übertragenen Meßdaten für die Post jedoch trotzdem nicht lesbar sind, hätte die Post (oder ein unbefugter Dritter) damit wenig gewonnen.

Das Übertragungsprotokoll kann unter technischen
Gesichtspunkten noch wesentlich optimiert werden
(z.B. brauchen die Formate in den beiden Übertra-
gungsrichtungen keineswegs gleich zu sein). Die
gewählte Darstellung sollte in erster Linie das
Prinzip deutlich machen.

6.6   Praktische Durchführbarkeit des Modells

Die Durchführbarkeit des Modells, das hierzu natürlich weiter spezifiziert und gegebenenfalls
auch modifiziert werden muß, hängt von technischen, rechtlichen und wirtschaftlichen Faktoren
ab.

Die **technische Realisierbarkeit** ergibt sich daraus, daß ausschließlich Elemente verwendet wurden, die dem heutigen Stand der TEMEX-Technik
entsprechen:

-      die Schnittstellen TSS14 und TSS15 ermög-
       lichen die Übertragung von "Fernwirk-Tele-
       grammen" mit einer Länge von 48 Byte. Das in
       dem vorgeschlagenen Modell verwendete Proto-
       koll benötigt mindestens drei Gruppen zu je
       64 bit (d.h. 24 Byte). Im Rahmen der vor-
       handenen Übertragungskapazität ist es daher
       möglich, auch mehrere Meßwerte in einem
       "Telegramm" verschlüsselt zu übertragen.

-      die derzeitige Struktur des TEMEX-Netzes
       entspricht den Anforderungen des Modells, da
       keine unmittelbare Verbindung zwischen dem
       TEMEX-Netzabschluß beim Kunden und der
       Fernwirkleitstelle (z.B. beim Versorgungs-
       unternehmen) aufgebaut wird, sondern stets
       eine TEMEX-Zentrale der Post zwischenge-
       schaltet ist. Diese TEMEX-Zentrale ist ein
       frei programmierbarer Rechner, der bereits
       jetzt gewisse Verarbeitungsfunktionen (Zu-
       fügen der Quelladresse, Sammelauftragsver-
       arbeitung etc.) übernimmt. Die in dem vor-
       geschlagenen Modell dem Post-Rechner zuge-
       wiesenen Aufgaben (Umsetzung von Kunden-
       nummer in TEMEX-Anschlußnummer, Eintrag

einer Kennzeichnung für Sammelabfrage) können nach geeigneter Programmierung dort
problemlos durchgeführt werden.

-   eine gewisse eigene Speicher- und Verarbei-
    tungskapazität bei den beim Kunden instal-
    lierten Verbrauchszählern ist teilweise be-
    reits heute vorgesehen[12]. Das vorgeschlagene
    Modell erfordert allerdings eine wesentliche
    Ausweitung dieser Möglichkeiten. Sofern man
    dem Vorschlag folgt, die gesamte Speicher-
    und Verarbeitungskapazität auf einer Chip-
    Karte unterzubringen, die in den
    Verbrauchszähler eingeschoben wird, sind die
    notwendigen Veränderungen am Zähler ver-
    gleichsweise gering. Gleichzeitig wird damit
    auch die Voraussetzung für eventuell wün-
    schenswerte zusätzliche Verarbeitungsarten
    (Mittelwertbildung, Minimums- und Maximums-
    anzeigen etc.) geschaffen, die bei statis-
    tischen Ablesungen abgerufen werden können.
    Vorteilhaft ist insbesondere, daß bei zu-
    künftigen Modifikationen der Verarbeitungs-
    aufgaben, der Übertragungsprotokolle oder
    der verwendeten Verschlüsselungsverfahren
    jeweils nur die Chip-Karten ausgewechselt
    werden müssen, und keine Umbauten am Zähler
    notwendig sind.

-   die Verschlüsselungsverfahren, wie sie für
    das Modell benötigt werden, stehen heute zur
    Verfügung und sind auch bereits auf Chips
    implementiert. Angesichts der niedrigen Da-
    tenraten wäre sogar ein Software-Implemen-
    tierung auf einem einfachen Universal-Chip
    denkbar.

---

[12] vgl. K. Beyer, Anforderungen an Wasserzähler
      mit elektronischen Zählwerken, TEMEX-Info 2,
      1988, a.a.O.

Auch in **rechtlicher Hinsicht** stehen der Realisierung des Modells keine Hindernisse entgegen.

Nach der Rechtsprechung des Bundesverfassungsgerichts hat die Post grundsätzlich nur eine Übermittlungs-Kompetenz nicht aber eine Kompetenz zur Verarbeitung von Daten im Auftrag Dritter (vgl. Abschnitt 2.3). Die genaue Abgrenzung dieser beiden Bereiche ist rechtlich noch nicht abschliessend geregelt und teilweise umstritten. So wäre es zumindest zweifelhaft, ob die Post selbst das Recht hätte, Daten zu anonymisieren, d.h. den Inhalt der Daten so zu ändern, daß der Absender dem Empfänger verborgen bleibt (z.B. Einfügung und Verwaltung von Pseudonymen). In den Leitsätzen der bereits zitierten Direktruf-Entscheidung[13] stellte das Bundesverfassungsgericht fest:

> "der Begriff der Fernmeldeanlage umfaßt ... auch neuartige Übertragungstechniken, sofern es sich um körperlose Übertragung von Nachrichten in der Weise handelt, daß diese am Empfangsort 'wiedergegeben' werden".

Der Begriff "Wiedergabe" ist so auszulegen, daß es auf die inhaltliche Übereinstimmung der gesendeten mit der empfangenen Nachricht ankommt. D.h. inhaltliche Veränderungen, die den Informationsgehalt einer Nachricht betreffen, sind der Post verwehrt, nicht aber formale Änderungen der Nachricht (Änderung von Datenformaten, Zufügen von "Postvermerken"). In dem vorgeschlagenen Modell werden aber nur solche "formalen Änderungen" von der Post verlangt; die eigentlichen Verarbeitungsvorgänge (Erzeugen von Pseudonymen, Verschlüsselung des Inhalts der Nachricht) werden von den Kommunikationspartnern durchgeführt.

---

[13]   BVerfGE 46,120

Auch im privatrechtlichen Bereich ergeben sich keine besonderen Probleme. Insbesondere werden beispielsweise die vom Bundesminister für Wirtschaft aufgrund von s 7 Abs.2 Energiewirtschaftsgesetz erlassenen Rechtsverordnungen, die unter anderem das Verfahren zur Verbrauchsdatenerfassung und -abrechnung von Energieversorgungsunternehmen festlegen, nicht unmittelbar tangiert, da die vorgeschlagene "Abrechnungsablesung" so gestaltet werden kann, daß sie mit diesen Vorschriften übereinstimmt. Für die zusätzlichen "statistischen Ablesungen" gibt es in den Rechtsverordnungen derzeit keine Vorschriften, so daß hier von der allgemeinen Vertragsfreiheit ausgegangen werden kann, wobei ohne weiteres auch die Anonymisierung der Daten vereinbart werden kann. Allerdings wäre es im Interesse des Schutzes und der Gleichbehandlung der Kunden sicher angebracht, geeignete Vorschriften über zusätzliche statistische Ablesungen über TEMEX in die genannten Rechtsverordnungen aufzunehmen, die die Anonymisierung der Daten verbindlich vorschreiben. Spätestens dann, wenn die Erprobungs-Phase verlassen wird und es sich bei der Fernablesung über TEMEX um ein allgemein eingeführtes Verfahren handelt, wird eine Fortschreibung der "Allgemeinen Bedingungen für ... Tarifkunden" ohnehin notwendig werden.

Solange davon ausgegangen wird, daß statistische Ablesungen in keinem Fall die Hauptpflichten aus dem Versorgungsvertrag berühren[14], steht auch von dieser Seite einer Anonymisierung nichts entgegen. Für Sonderkunden wären abweichende Regelungen natürlich schon jetzt möglich. Sollte hingegen allgemein daran gedacht werden, die Tarife so zu ändern, daß beispielsweise die Abrechnung nicht nur von der in einem bestimmten Zeitraum verbrauchten Gesamtmenge abhängt, son-

---

[14]   d.h. das Ergebnis dieser Ablesungen darf weder die Versorgung des Kunden mit Energie unmittelbar beeinflussen noch die korrekte Abrechnung des Verbrauches betreffen

dern auch die Art des Verbrauchs, wie sie aufgrund der statistischen Messungen festgestellt
werden kann, berücksichtigt wird, sind entsprechende Rechtsverordnungen nötig. Da das vorgeschlagene Modell ausreichende Speicher- und
Verarbeitungskapazität bereitstellt, wird es in
diesem Fall ausreichen, die Art der Abrechnungsablesung zu ändern, indem nicht mehr der unmittelbare Zählerstand, sondern ein geeignet berechneter Wert übertragen wird. Die technische Flexibilität hierzu ist vorhanden. Die Anonymität bei
zusätzlichen Ablesungen braucht daher auch in
diesem Fall nicht eingeschränkt zu werden.

Die **wirtschaftlichen Konsequenzen** des vorgeschlagenen Modells hängen naturgemäß stark von den
Einzelheiten der praktischen Realisierung ab und
können hier nur sehr grob abgeschätzt werden.
Beim Versorgungsunternehmen und bei der Post sind
lediglich Softwareänderungen notwendig, die für
die Kosten des praktischen Betriebes kaum eine
Rolle spielen werden. Die Post muß zusätzlich für
jedes Versorgungsunternehmen ein Verzeichnis über
die Kundennummern (und die zugehörigen TEMEX-Anschlußnummern) führen und bei jeder Übermittlung
abfragen[15]. Die Grundkosten für dieses
Verzeichnis sind im Vergleich zu Telefonbüchern
eher niedriger, wenn die Kundennummer wie bisher
nicht personenbezogen, sondern wohnungsbezogen
vergeben wird (damit braucht das Verzeichnis
nicht bei jedem Eigentümer- oder Mieter-Wechsel
geändert zu werden). Auch die notwendige
Speicherkapazität und Verarbeitungsleistung
stellt beim heutigen Stand der Technik keinen
wesentlichen Kostenfaktor dar.

Stärker ins Gewicht fällt demgegenüber der Aufwand, der beim Zähler des Kunden betrieben werden
muß[16]. Angesichts der größeren Flexibilität und
besseren Akzeptanz dürften sich diese Mehrkosten
in den meisten Fällen sicher lohnen.

---

[15]   vgl. hierzu Kapitel 8
[16]   z.B. Kosten der Chip-Karte

6.7 Weitere Anwendungen ähnlicher Modelle

Das vorstehende Modell wurde spezifisch für die TEMEX-Anwendung "Verbrauchsdatenerfassung" entwickelt. Für andere Anwendungen sind ähnliche Modelle denkbar, die vergleichbare Elemente enthalten.

Ein wesentlicher Gedanke des Modells war die **Verschlüsselung des Inhalts** der zu übertragenden Nachricht. Dies ist in all den Fällen interessant, in denen die Daten vor einem Zugriff Dritter geschützt werden sollen. Daneben kann die Verschlüsselung aber auch ein wichtiges Hilfsmittel sein, um die Übertragungssicherheit zu erhöhen. Insbesondere dann, wenn kurze Nachrichten, die wenig Redundanz aufweisen (z.B. Schalter Ein/Aus), übertragen werden sollen, sind technisch bedingte Übertragungsfehler sehr leicht möglich. Verschlüsselung ist ein Weg, die Redundanz zu erhöhen.

Häufig wird es auch darauf ankommen sicherzustellen, daß nur der berechtigte TEMEX-Teilnehmer einen bestimmten Befehl (z.B. Schaltsignal) übermitteln kann. D.h. es muß feststellbar sein, ob die Nachricht tatsächlich von dem hierzu Berechtigten geschickt wurde. Auch hier kann ein asymmetrisches Verschlüsselungsverfahren, das in diesem Fall umgekehrt angewendet wird, sinnvoll eingesetzt werden: Der Sender verschlüsselt die Nachricht zusammen mit einer "Einmalinformation" (z.B. Datum und Uhrzeit, Transaktionscode) mit seinem geheimen Schlüssel. Der zugehörige "public key" kann allgemein bekannt sein und muß insbesondere beim Empfänger vorliegen. Der Empfänger (und jeder andere, der den "public key" kennt) kann die Nachricht in diesem Fall lesen. Ohne

Kenntnis des privaten Schlüssels kann jedoch niemand eine gültige Nachricht erzeugen oder nachmachen. Aufgrund der "Einmalinformation" sieht jedes Kryptogramm anders aus, auch wenn der Inhalt der Nachricht selbst nicht verschieden ist. Die Gültigkeit der "Einmalinformation" kann ebenfalls leicht nachgeprüft werden (z.B. Time-out, verbrauchte Transaktionsnummer). Soweit TEMEX in Bereichen eingesetzt wird, die die Sicherheit von Anlagen oder Abläufen betreffen, sind Protokolle, die diese Elemente nutzen, meines Erachtens nach unverzichtbar.

Ein zweites, wesentliches Element des vorgeschlagenen Modells war die Verwendung von Pseudonymen. Solche Pseudonyme können nicht nur dazu verwendet werden, den Sender einer Nachricht dem Empfänger gegenüber zu verbergen. Möglich ist auch, daß ein und derselbe Sender in verschiedenen Anwendungen mit jeweils unterschiedlichen Pseudonymen auftritt. Damit wird eine Zusammenführung von Daten aus verschiedenen TEMEX-Anwendungen, die nebeneinander betrieben werden, verhindert. Eine solche Verknüpfungsmöglichkeit würde insbesondere bei der geplanten weiteren Integration verschiedener Kommunikationsdienste (ISDN) erhebliche Datenschutzprobleme aufwerfen. Diese zukünftigen Aspekte werden in Kapitel 8 weiter behandelt.

In dem vorgeschlagenen Modell entfaltet der Schutz der Identität des Einzelnen durch Verwendung eines Pseudonyms seine Wirkung nur gegenüber dem Empfänger der Daten. Der Post gegenüber ist dies - wie oben gezeigt - zunächst wirkungslos, da diese die physikalische Herkunft der Nachricht ermitteln und so das Pseudonym einem bestimmten Kunden zuordnen kann. Im Falle der Verbrauchsdatenerfassung war dies hinnehmbar, da der Inhalt der Daten vor der Post verborgen war und die bloße Tatsache, daß eine Zählerablesung stattgefunden hat, nicht geheim gehalten werden mußte. Bei Anwendungen, bei denen jedoch bereits aus der Tatsache, daß eine TEMEX-Übertragung stattgefunden hat, wichtige Schlüsse

gezogen werden können (z.B. Patientennotruf, Einbruchmeldesystem), und insbesondere bei stärkerer
Integration verschiedener Telekommunikations-
dienste wird dieser Aspekt jedoch bedeutsam werden. Auch hierfür gibt es technische Lösungen[17],
die allerdings eine grundlegende Verfahrens-
änderung erfordern:

- die Geheimhaltung der Tatsache, daß eine
  Nachricht überhaupt gesendet wurde, kann
  dadurch erreicht werden, daß laufend Nachrichten gesendet werden, die jedoch meistens
  bedeutungslos sind. Durch Kryptographie kann
  sichergestellt werden, daß sich echte Nachrichten äußerlich nicht von bedeutungslosen
  unterscheiden. Wenn ferner die zeitlichen
  Abstände, in denen Nachrichten gesendet werden, stochastisch variieren, ist die gewünschte Geheimhaltung erreicht. Die derzeitige Gebührenpolitik der Post ist hierauf
  jedoch noch nicht eingerichtet.

- Auch eine grundlegend andere Netzstruktur
  kann zur Erreichung dieses Zieles beitragen.
  Denkbar wäre, eine größere Zahl von Kunden
  an ein Ringnetz anzuschließen, wobei jede
  Nachricht den Ring mindestens einmal durch-
  läuft, bevor sie in das allgemeine Postnetz
  geleitet wird. Physikalisch ist es damit
  (ohne Messungen vor Ort) nicht möglich, den
  Absender einer Nachricht unter allen an den
  Ring angeschlossen Stationen herauszufinden.

Die detaillierte Untersuchung dieser Möglichkeiten würde hier jedoch zu weit führen.

---

[17]   vgl. hierzu A. Pfitzmann, B. Pfitzmann, M.
        Waidner: "Technischer Datenschutz in dienst-
        integrierten Digitalnetzen - Warum und
        wie?", DuD 3/86, S.178 ff sowie Pfitzmann et
        al.: "Rechtssicherheit trotz Anonymität in
        offenen digitalen Systemen", DuD 5/90 S.243
        ff. und DuD 6/90

7

Prüf- und Zulassungsverfahren für TEMEX-Anwendungen

7.1 Notwendigkeit von Prüf- und Zulassungsverfahren

Die vorstehenden Kapitel haben deutlich gemacht, daß TEMEX-Anwendungen, zumindest soweit sie in privaten Haushalten eingesetzt werden sollen, erhebliche Risiken für das Persönlichkeitsrecht besitzen können. Außerdem sind in vielen Anwendungsfällen, insbesondere soweit Steuerungsaufgaben betroffen sind, hohe Anforderungen an die technische Sicherheit und Zuverlässigkeit zu stellen. Art und Ausmaß der Risiken hängen weitgehend von den Einzelheiten der technischen Ausgestaltung einer TEMEX-Anwendung ab, wobei ein breiter Gestaltungsspielraum besteht. Die technischen Zusammenhänge sind in der Regel äußerst komplex und für den einzelnen vielfach nur schwer nachzuvollziehen.

Die bisherigen Regelungen für TEMEX, soweit sie in Datenschutzgesetzen enthalten sind, behandeln alle TEMEX-Anwendungen gleich und orientieren sich dabei zwangsläufig an den größten Risiken, die auftreten können. Dieser Ansatz hat einige erhebliche Nachteile:

-   Auch TEMEX-Anwendungen, die aufgrund ihrer Ausgestaltung keine Gefährdung des Persönlichkeitsrechts darstellen, werden allen gesetzlichen Anforderungen unterworfen, auch wenn diese hierfür nicht angemessen sind.

-   Dadurch wird die Entwicklung datenschutzgerechter Verfahren nicht gefördert. Denn auch wenn die konkreten Risiken durch eine entsprechende Ausgestaltung einer TEMEX-Anwendung wesentlich reduziert wurden, sind in jedem Falle die gesetzlichen Normen voll zu erfüllen. Für ein Verfahren, wie es in Kapitel 6 hinsichtlich der Verbrauchsdatenerfassung vorgeschlagen wurde, besteht daher kaum ein Anreiz.

-   Der Betroffene muß ausschließlich selbst auf die Wahrung seiner Rechte achten und die ordnungsgemäße Anwendung des Verfahrens überwachen, obgleich er hierzu vielfach gar nicht in der Lage ist (vgl. Kapitel 5).

-   Sicherheit gegen unbefugte Veränderungen der installierten Einrichtungen, die möglicherweise kaum erkennbar sind, wird nicht erreicht, d.h. der Betroffene muß sich "blind" auf die Erklärungen des TEMEX-Anbieters verlassen.

-   Die Freiwilligkeit der Einwilligung, und auf diesem Grundsatz basieren alle derzeitigen Regelungsansätze, wird mit zunehmender Verbreitung von TEMEX-Anwendungen faktisch immer mehr eingeschränkt werden, weshalb zusätzliche und weitergehende Absicherungen erforderlich werden.

Es erscheint daher sinnvoller, bezogen auf einzelne **konkrete Anwendungen** Standards hinsichtlich des Datenschutzes und der zu fordernden Sicherheit zu entwickeln, deren Einhaltung in einem förmlichen Verfahren kompetent geprüft werden kann. Diese Standards müssen selbstverständlich laufend im Hinblick auf neue technische Möglichkeiten überarbeitet werden, was für einen wirksamen Datenschutz sehr wesentlich ist. Dabei können die Besonderheiten einer TEMEX-Anwendung voll berücksichtigt werden, so daß unnötige Auflagen entfallen. Auch die Lage des Betroffenen verbessert sich merklich, da er nun eine Garantie für die Einhaltung der ihm gemachten Zusagen erhält.

Selbstverständlich existieren solche Standards bei neuen Anwendungen nicht von vornherein; außerdem wird es immer wieder Sonderfälle geben, die Standardlösungen nicht erlauben. Für diese Fälle wird daher weiterhin eine allgemeine gesetzliche Regelung notwendig und zweckmäßig sein, die damit als Auffangvorschrift konzipiert werden sollte. Im übrigen ist jedoch anwendungsspezifischen Regelungen der Vorzug zu geben.

7.2   Inhalt von Datenschutz- und Sicherheitsstandards

Unter einem Standard für eine bestimmte TEMEX-Anwendung ist ein System von Verarbeitungsbedingungen und -regelungen zu verstehen, durch welche das Verfahren im Hinblick auf die Gesichtspunkte des Datenschutzes und der Sicherheit vollständig beschrieben wird, ohne daß hiermit bereits die technische Implementierung bis ins letze festgelegt wäre. Eine vollständige Beschreibung liegt dann vor, wenn alle Phasen der Datenverarbeitung und alle Risiken, die hierbei auftreten können, berücksichtigt werden und entsprechend den anwendungsbezogen zu definierenden Sicherungsanforderungen ausreichende Vorkehrungen gegen die einzelnen Risiken festgelegt werden.

Dieser umfassende Ansatz, der dem allgemeinen Fall einer TEMEX-Anwendung gerecht wird, führt im Hinblick auf die Prüfbarkeit eines solchen Standards zu Problemen, denn ab einer bestimmten Komplexitätsstufe ist insbesondere im Softwarebereich eine vollständige Prüfung praktisch nicht möglich. Dies stellt eine allgemeines, äußerst schwerwiegendes EDV-Problem dar ("Softwarekrise"), das angesichts des bereits heute sehr verbreiteten Einsatzes der EDV in sicherheitskritischen Bereichen recht beunruhigend ist. Außerdem sind Rechner fast durchgängig darauf ausgerichtet, die eingesetzte Software jederzeit ändern zu können. Dies ist zwar im Hinblick auf die Flexibilität des EDV-Einsatzes wünschenswert, stellt aber ein hochgradiges Sicherheitsrisiko dar, was beispielsweise die in letzter Zeit viel diskutierten "Computer-Viren" anschaulich demonstrieren. Daher kommen in der Praxis für hinreichend zuverlässige und sichere Lösungen nur zwei Bereiche in Frage:

- Anwendungen, die genau definiert und abschließend festgelegt sind, und die eine geringe Komplexität aufweisen. Hier ist eine
vollständige Prüfung dann möglich, wenn (unter Einschränkung der Flexibilität) auch die
TEMEX-Leitstelle in einer manipulationssicheren Technik entwickelt wird (z.B. umfassender hardwaremäßiger Schreibschutz). Realistisch erscheint dies beispielsweise bei
der Gestaltung von Notrufsystemen.

- Anwendungen, bei denen es genügt, die Möglichkeiten der Erfassung von Daten eindeutig
zu begrenzen, da unter dieser Voraussetzung
ein Sicherheitsrisiko oder eine Gefahr für
das Persönlichkeitsrecht weitgehend ausgeschlossen werden kann, gleichgültig was hinterher mit den Daten geschieht. Beispiele
hierfür können Verfahren zur Ferndiagnose
von Geräten oder das in Kapitel 6 entwickelte Modell zur anonymen Verbrauchsdatenerfassung sein.

Auch wenn man berücksichtigt, daß Sicherheit und
Zuverlässigkeit immer relative Begriffe sind,
können daher nicht alle denkbaren TEMEX-Anwendungen in ausreichendem Maße so standardisiert
werden, daß ein Einsatz in kritischen Bereichen
unbedenklich erscheint. Dies gilt zumindest solange, als die Technik noch keine wesentlichen
Fortschritte im Hinblick auf die Entwicklung zuverlässiger und kontrollierbarer Systeme gemacht
hat[1].

Soweit die Entwicklung eines Standards möglich
ist, kann sie z.B. in folgenden Schritten erfolgen:

---

[1] vgl. zu dieser Thematik z.B. Gleißner et
al.: Manipulation in Rechnern und Netzen,
Addison-Wesley, 1989

1. Festlegung der Zwecke und Ziele einer TEMEX-
    Anwendung unter Berücksichtigung der schutz-
    würdigen Belange des Betroffenen. Bereits
    auf dieser Stufe fallen wichtige Vorent-
    scheidungen hinsichtlich des Umfangs und der
    Art der zur Erreichung der Zwecke und Ziele
    benötigten Daten (z.B. Häufigkeit von Abfra-
    gen, Anonymisierungsmöglichkeit).

2. Festlegung der erforderlichen Daten, Verar-
    beitungsprogramme und Empfänger der Daten.
    Hierbei sind bestimmte Grundsätze zu beach-
    ten, die politisch vorzugeben sind. Solche
    Grundsätze können beispielsweise sein:

    Minimierung der Datenerfassung, d.h. nur die
        unbedingt benötigten Daten dürfen über
        TEMEX erfaßt werden.

    Anonymisierungsgebot, d.h. soweit der Verar-
        beitungszweck es zuläßt, müssen die Da-
        ten anonymisiert werden.

    Wahrung der Autonomie des Betroffenen, d.h.
        in allen Fällen, in denen dies ohne
        Beeinträchtigung des Zwecks der TEMEX-
        Anwendung möglich ist, soll die
        Durchführung einer Datenübertragung vom
        Betroffenen aktiv ausgelöst werden und
        nicht von der TEMEX-Leitstelle aus
        erfolgen.

    Löschungsgebot, d.h. sobald der angestrebte
        Zweck es erlaubt, sind die Daten zu
        löschen.

3. Festlegung der Sicherheitsanforderungen in
    Bezug auf die möglichen Risiken. Hierzu müs-
    sen alle Risiken (z.B. Verlust von Daten,
    Verfälschung von Daten, Zugänglichkeit der
    Daten für Dritte, Zweckentfremdung der Daten
    etc.) betrachtet werden, wie dies beispiels-
    weise in Abschnitt 4.5 versucht wurde.
    Selbstverständlich werden nicht in jedem

Fall alle Risiken Bedeutung erlangen (z.B. ist bei einer Lecküberwachung eines Öltankes wohl kaum ein Schutz gegen unbefugtes Abhören der Daten nötig). Daher ist auch die Frage zu klären, ob tatsächlich für alle Phasen der Datenverarbeitung überprüfbare Sicherungsmaßnahmen notwendig sind, oder ob sich diese auf einen Teilbereich (z.B. die beim Betroffenen installierte TEMEX-Einrichtung) beschränken kann. Z.B. wird es bei medizinischen Anwendungen, die für den Betroffenen unmittelbare körperliche Auswirkungen haben können, wohl immer notwendig sein, auch die Software des Leitstellenrechners in die Festlegungen mit einzubeziehen, wohingegen hierauf in Fällen geringen Risikos für den Betroffenen verzichtet werden kann.

4. Festlegung geeigneter Maßnahmen zur Erreichung der im konkreten Fall geforderten Sicherheit. Maßnahmen können dabei sowohl technischer als auch rechtlich-organisatorischer Art sein, wobei technischen Maßnahmen der Vorzug zu geben sein wird, soweit dies wirtschaftlich vertretbar erscheint.

5. Festlegung von Rahmenbedingungen zur Sicherstellung der Rechte des Betroffenen (z.B. Auskunft, Aufklärung über die verbleibenden Risiken, Haftungsregelungen und Fragen der Beweislastverteilung).

In gewisser Weise sind sowohl das in Abschnitt 5.6 erwähnte "Berliner Modell" als auch das in Kapitel 6 entwickelte Modell zur anonymen Verbrauchsdatenerfassung Beispiele für derartige Standards. Dies zeigt, daß für jede Anwendung im allgemeinen unterschiedliche Standards definiert werden können, die den Risiken in verschiedenem Maße Rechnung tragen, und daß der Spielraum in dieser Hinsicht recht groß ist.

7.3   Organisation der Entwicklung und Prüfung der Standards

Die Frage, wer die Standards entwickeln und festlegen soll, ist vor dem Hintergrund des genannten Gestaltungsspielraums von größter Bedeutung, denn hierdurch wird letztlich festgelegt, welchen praktischen Wert die Standards im Hinblick auf die Akzeptanz einer TEMEX-Anwendung haben werden. Eng damit verknüpft ist auch die Frage, welche Bindungswirkung die Standards haben sollen. Grundsätzlich kommen folgende Möglichkeiten in Betracht:

- Gesetzgeber

- Rechtsverordnung der Verwaltung

- Technische Ausschüsse

- privatrechtlich organisierte technische Verbände.

Detaillierte technische Regelungen, wie sie hier gefordert werden, durch den **Gesetzgeber** sind nicht von vornherein ausgeschlossen und heute in weiten Bereichen üblich (z.B. StVZO). Wie das Volkszählungsurteil des BVerfG zeigt, wird der Grundsatz vom Vorbehalt des Gesetzes recht weit ausgelegt, mit der Folge, daß sich die Parlamente verstärkt auch um die Regelung von Einzelfragen (z.B. Sicherheitsaspekte) kümmern müssen. Im Unterschied zu früherer Staatsauffassung, nach der ein Gesetz nur erforderlich sei, wo "Eingriffe in Freiheit und Eigentum in Rede ständen"[2], wurde vom BVerfG der Anwendungsbereich des Vorbehalts des Gesetzes inzwischen erweitert auf alle "we-

---

[2]   BVerfGE 8,155 (165)

sentlichen" Bereiche, die den Bürger unmittelbar betreffen[3]. Gleichzeitig wurde aber auch im Kalkar-Beschluß[4] deutlich gemacht, daß die konkrete Festlegung des zulässigen Sicherheitsstandards nicht in Form herkömmlicher Gesetze durchgesetzt werden kann (S.129). Denn es sei dem Gesetzgeber wegen der vielschichtigen Probleme technischer Fragen und Verfahren nicht möglich, sämtliche sicherheitstechnischen Anforderungen, denen die jeweiligen Anlagen und Gegenstände genügen sollten, bis ins einzelne festzulegen. (S.134) Zudem sei das Gesetz wegen des langwierigen und starren Verfahrens seiner Verabschiedung oder Änderung nicht geeignet, die ständig expandierende Entwicklung der Sicherheitstechnik wiederzugeben (S.137). Diese Argumente des BVerfG gelten uneingeschränkt auch für die hier betrachteten Standards für einzelne TEMEX-Anwendungen. Dies bedeutet jedoch nicht, daß der Gesetzgeber auf Regelungen der "wesentlichen Bereiche" ganz verzichten könnte. Seine Aufgabe bleibt es beispielsweise, die Anwendungsbereiche festzulegen, in denen bestimmte Datenschutz und Sicherheitsstandards zwingend eingehalten werden müssen (z.B. bestimmte medizinische Verfahren), und die Grundzüge hierfür festzulegen[5]. Auch für TEMEX-Anwendungen durch staatliche Stellen bleibt es dem Gesetzgeber vorbehalten, eine obligatorische Einführung anzuordnen und die Rahmenbedingungen hinreichend klar festzulegen (vgl. Abschnitt 4.2.2). Eine weitergehende Spezifikation von technischen Einzelheiten durch den Gesetzgeber ist jedoch weder notwendig noch wünschenswert.

Auch das Instrument, die Exekutive zum Erlaß von Rechtsverordnungen zu ermächtigen, in denen alle Details geregelt werden, erscheint nur bedingt geeignet, da hier grundsätzlich ähnliche Schwie-

---

[3]   z.B. BVerfGE 40,237(248 ff.); 47,46(78 ff.); 49,89(126 ff.)
[4]   BVerfGE 49,89
[5]   vgl. z.B. Abschnitt 7.2 Ziffer 2

rigkeiten bestehen, wenn auch in abgeschwächtem Maße. Hierzu führt z.B. SCHWIERZ[6] aus:

> "Die staatliche Normsetzung ist insbesondere bei Vorschriften, die wie die Konkretisierung technischer Sicherheitsanforderungen eine Spezialmaterie betreffen, auf die Einbeziehung von externem Sachverstand angewiesen. Bereits die Feststellung, daß eine neue technische Regel notwendig ist, setzt voraus, daß der staatliche Normsetzer in einem ständigen unmittelbaren Dialog zwischen Wissenschaftlern und Technikern, Herstellern und Betreibern steht. Dazu ist die Einrichtung ständiger Beratungs- und Anhörungsgremien erforderlich."

Eine eigene fachliche Kompetenz der Exekutive zum Erlaß von Rechtsverordnungen ist daher im allgemeinen nicht anzunehmen.

Als Lösung könnte sich anbieten, bei der Verwaltung **technische Ausschüsse** (z.B. nach dem Vorbild der Reaktorsicherheitskommission) einzurichten, denen die entsprechende Normsetzung übertragen werden, wobei die letzte Entscheidung jedoch bei der Exekutive liegt. Doch auch hiergegen gibt es ernstzunehmende Einwände, da dann eine Splittung der Verantwortung eintritt, was nicht optimal erscheint. Es liegt daher nahe, sich auf den Grundsatz der Subsidiarität des Staates zu besinnen, nach dem der Staat nur in soweit eingreifen soll, als die gesellschaftlich notwendigen Aufgaben nicht besser durch private Einrichtungen erfüllt werden können.

---

[6]   Schwierz, M.: Die Privatisierung des Staates am Beispiel der Verweisungen auf die Regelwerke privater Regelgeber im Technischen Sicherheitsrecht, Frankfurt, 1986, S. 89 f.

Bereits heute ist daher in sehr vielen Bereichen die Bestimmung technischer Standards **privatrechtlich organisierten technischen Verbänden** übertragen worden (z.B. DIN, VDE, VDI etc.). Dieser sehr erfolgreiche Weg bietet sich auch für die Festlegung von technischen Rahmenbedingungen für TEMEX-Anwendungen im Hinblick auf den Datenschutz und die zu fordernde Sicherheit an.

Dabei wird man sicher vielfach auf bereits bestehende Verbände zurückgreifen können. Auch wird es keineswegs notwendig sein, einer einzigen Stelle die Festlegung von Standards für alle in Frage kommenden TEMEX-Anwendungen zu übertragen. Dies sollte vielmehr in erster Linie im Hinblick auf die jeweilige fachliche Kompetenz entschieden werden. In vielen Fällen wird es zudem gar nicht notwendig sein, rechtsverbindliche Standards festzulegen, sondern man wird sich mit freiwilligen Regelungen zufriedengeben können, deren Einhaltung mit einer Art "Gütesiegel" bestätigt wird, das die Akzeptanz bei den Benutzern fördern kann.

Wesentlich ist aber in jedem Fall, daß die für die Festsetzung der Standards zuständigen Gremien und Verbände in ihrer Zusammensetzung eine demokratische Struktur aufweisen, die nicht partikuläre Einzelinteressen (z.B. der potentiellen TEMEX-Anbieter) sondern das Allgemeininteresse widerspiegeln. Dies heißt beispielsweise, daß auch Vertreter der öffentlichen und betrieblichen Datenschutzbeauftragten an dieser Arbeit beteiligt werden müssen.

7.4   Prüf- und Zulassungsverfahren

Die anwendungsspezifisch definierten Standards sind die Grundlage für eine technische Prüfung einer TEMEX-Anwendung. Diese Prüfung hat die Aufgabe, die Übereinstimmung der eingesetzten Hardware und Software mit den Standards zu bestätigen, wobei von einer Übereinstimmung dann gesprochen werden kann, wenn sowohl positiv festgestellt wird, daß die geforderten Funktionen in richtiger Weise erbracht werden, als auch (negativ) bestätigt wird, daß keine weiteren Funktionen möglich sind, die den Datenschutz und die Sicherheit beeinträchtigen können. Bei dem zuletzt genannten Aspekt geht es also auch darum, Manipulationsmöglichkeiten auszuschließen.

Der Prüfungsumfang bestimmt sich einerseits aus den Standards, d.h. die Prüfung braucht sich im Regelfall nicht auf Bereiche zu erstrecken, die nicht mehr für regelungsbedürftig gehalten werden (z.B. Software der TEMEX-Leitstelle, wenn es sich um eine weniger kritische Anwendung handelt und eine Manipulation des TEMEX-Endgerätes ausgeschlossen werden kann). Andererseits wird es jedoch auch Fälle geben, in denen unzulässige Manipulationen nur dann ausgeschlossen werden können, wenn auch ein breiteres Umfeld in die Prüfung mit einbezogen wird. Insoweit stellt daher auch die technische Prüfung eine nochmalige Kontrolle der Vollständigkeit der Standards dar.

Wenn es schon zweckmäßig erschien, die Normsetzung an private Einrichtungen (Verbände) zu übertragen, gilt dies ebenso für das Prüfverfahren. Denkbar ist beispielsweise, die Prüfung durch die Technischen Überwachungsvereine oder andere amtlich bestellte technische Sachverständige durchführen zu lassen. Im Regelfall wird es sich um eine Art von Bauartprüfung (Typprüfung) handeln, bei der bestimmte TEMEX-Endgeräte und ihr Zusammenwirken mit den Übertragungsprotokollen und der Software des TEMEX-Leitstellen Rechners geprüft werden. Selbstverständlich müssen auch alle späteren Änderungen erneut vollständig geprüft werden. In Sonderfällen kommt auch die Prüfung einer Einzelkonfiguration in Betracht, soweit es sich hierbei nicht um ein Standardverfahren handelt.

Ob zusätzlich zur technischen Prüfung eine förmliche Zulassung einer TEMEX-Anwendung durch eine öffentliche Stelle oder ein beliehenes Unternehmen stattfindet, hat der Gesetzgeber zu entscheiden. Zumindest bei sehr kritischen Anwendungen erscheint dies angebracht, da nur dadurch das Prüfverfahren verbindlich wird und eine Änderung der Anlage ohne erneute Prüfung ausgeschlossen (bzw. mit Strafe bedroht) werden kann. In aller Regel wird auch hier nur eine Typzulassung erforderlich sein, was das Verfahren in der Praxis sehr vereinfacht. Eine geeignete öffentliche Stelle könnte das "Bundesamt für Sicherheit in der Informationstechnik (BIS)" werden, das 1991 errichtet werden soll und das die "Zentralstelle für Sicherheit in der Informationstechnik" ablösen soll[7].

---

[7]   vgl. hierzu Kersten: ZSI/BSI - Eine staatliche Initiative zur IT-Sicherheit, Computerwoche vom 23.3.1990, S. 40 ff. und die kritischen Ausführungen zu BIS von Bernhard und Ruhmann: Mutation einer Geheimdienststelle, ebenda, S.44 ff.

8

Zukünftige Entwicklungen

8.1   Vorbemerkungen

Das in Kapitel 6 dargestellte Verfahren stellt eine Speziallösung für eine bestimmte TEMEX-Anwendung (Verbrauchsdatenerfassung) dar. Der damit verbundene Implementierungsaufwand ist vergleichsweise groß, da keine Standardfunktionen verwendet werden. In absehbarer Zukunft werden auch Fernmeß- und Fernwirkdienste wie TEMEX im Rahmen offener Kommunikationssysteme (z.B. ISDN) realisiert werden und sich damit internationalen Standards anpassen. Von besonderem Interesse ist daher im Zusammenhang mit den hier behandelten Fragen, welche Dienste und Standardfunktionen in diesen offenen Kommunikationssystemen bereitstehen werden, um beispielsweise eine "anonyme Verbrauchsdatenerfassung" oder ähnliche Anwendungen zu realisieren.

Wichtige Ansatzpunkte hierfür enthalten die CCITT-Empfehlungen der Serie X.500[1], in denen ein Directory-Service für offene Datenkommunikationssysteme definiert wird. Dabei werden sowohl kryptographische Grundfunktionen bereitgestellt (X.509)[2] als auch die Verwendung von Pseudonymen

---

[1]   CCITT: Data Communication Networks Directory Recommendations X.500-X.521, Geneva, 1989

[2]   "The Directory - Authentification Framework" a.a.O. S. 48 ff.

(Alias-Namen) ermöglicht. Allerdings richtet sich die Intention der CCITT-Empfehlung X.509 zunächst nur auf

- die Sicherstellung einer vertraulichen Kommunikation

- die Authentifizierung der beteiligten Kommunikationspartner und

- die Gewährleistung der Datenintegrität.

Der Aufbau einer Kommunikationsverbindung, bei der zumindest einer der beteiligten Kommunikationspartner anonym bleibt, ist demgegenüber derzeit nicht vorgesehen. Es wird sich jedoch zeigen, daß eine Fortentwicklung des Standards möglich ist, die auch diese Anforderung erfüllen kann.

Ziel dieses Kapitels ist darzustellen, wie unter Einbeziehung der Standards die Anonymität sogar noch vollständiger gewahrt werden kann, als bei der in Kapitel 6 skizzierten Lösung. Beispiel ist wieder die automatisierte Verbrauchsdatenerfassung. Voraussetzung hierfür ist allerdings, daß sich die elektronische Kommunikation in offenen Netzen ähnlich stark durchgesetzt hat, wie heute das Telefon. D.h. der Kunde muß auch dazu in der Lage sein, Rechnungen und Nachrichten auf elektronischem Weg zu erhalten und elektronisch mit seiner Bank zu kommunizieren. Die technische Entwicklung dürfte jedoch ohnehin in diese Richtung gehen. An die bei den Kunden installierten Endeinrichtungen eines solchen Fernmeß- und Fernwirkdienstes sind natürlich noch höhere Anforderungen zu stellen, als bei dem in Kapitel 6 vorgestellten Modell. Es wird sich hierbei in jedem Fall um leistungsfähige Rechner mit ausreichend großer Verarbeitungs- und Speicherkapazität handeln.

8.2   Mehrwertdienst: "Verwaltung von Pseudonymen zur Wahrung der Anonymität"

In Kapitel 6 war die Anonymität des Kunden nur für bestimmte Abfragearten (statistische Ablesung) gewährleistet worden. In anderen Bereichen, wie beispielsweise bei der Rechnungsstellung, war die Anonymität demgegenüber aufgehoben. Außerdem führt die heute übliche Form des Zahlungsverkehrs (Überweisung, Abbuchungsauftrag) dazu, daß auch Dritte (z.B. die Bank) zumindest indirekte Informationen über den Energieverbrauch des Kunden erhalten, obwohl hierzu eigentlich keine Notwendigkeit besteht.

Der Grundgedanke des hier vorgestellten Lösungsansatzes besteht nun darin, daß in vielen Fällen für ein Versorgungsunternehmen, das eine automatisierte Zählerablesung und Gerätesteuerung durchführen will, keine Notwendigkeit besteht, den Namen oder die Wohnung des Kunden, bei dem der Zähler installiert ist, überhaupt zu kennen. Nahezu die gesamte Geschäftsbeziehung zwischen Kunde und Versorgungsunternehmen kann daher unter einem Pseudonym abgewickelt werden, das vom Versorgungsunternehmen nicht einseitig aufgehoben werden kann. Vergabe und Verwaltung (z.B. regelmäßiger Wechsel) der Pseudonyme ist dabei Aufgabe eines Mehrwertdienstes[3]. Der Anbieter des Mehrwertdienstes ist auch die einzige Stelle, die die

---

[3]   Dieser Mehrwertdienst könnte beispielsweise auch vom Netzbetreiber (z.B. Deutsche Bundespost) angeboten werden, sofern die rechtlichen Voraussetzungen hierfür geschaffen werden (vgl. 6.6).

Anonymität im begründeten Einzelfall aufheben kann. Die Voraussetzungen hierzu können und sollten rechtlich normiert werden.

Dieser Gedanke erscheint zunächst sicher befremdlich, da er allen Regeln herkömmlicher Geschäfte widerspricht. Die Bereitschaft, in dieser Hinsicht umzudenken, könnte sich jedoch als Schlüssel für eine sozialverträgliche Gestaltung automatisierter Geschäftsbeziehungen auch in anderen Bereichen erweisen (z.B. Zahlungsverkehr, Informationsvermittlung). Daher sollte grundsätzlich bei allen Kommunikationsanwendungen genau geprüft werden, wo eine Identifizierung der Einzelperson wirklich notwendig ist und wo die Verwendung eines Pseudonymes ausreicht. Bereits heute gehen die Datenschutzgesetze durchgängig vom Grundsatz der "Erforderlichkeit" aus, um die Zulässigkeit einer Datenspeicherung und Übermittlung zu bestimmen. Nimmt man diesen Grundsatz ernst, dann folgt daraus, daß eine personenbezogene Datenverarbeitung vielfach nicht mehr zulässig sein wird, wenn auch die Verwendung eines Pseudonymes ausreicht.

Die CCITT-Empfehlungen der Serie X.500 sehen vor, daß von den Netzanbietern ein "Directory-Service" bereitgestellt und betrieben wird. Dieser Service kann zunächst mit einem herkömmlichen Telefonbuch verglichen werden. Auch das Telefonbuchsystem besitzt einen gewissen hierarchischen Aufbau (Land, Ortsnetz, Name) und enthält einige, dem jeweiligen Eintrag zugeordnete Attribute (Straße, Beruf). Im Unterschied zum klassischen Telefonbuch läßt der in X.500 definierte Dirctory-Service, der selbstverständlich mittels EDV geführt wird und von allen Teilnehmern über das Netz abgerufen werden kann, eine beliebig große Zahl von Hierarchie-Ebenen zu und ermöglicht die Einführung beliebiger Attribut-Typen. Das Directory entspricht damit einer großen Datenbank mit per-

sonenbezogenen Daten, auf die jeder Benutzer
eines Kommunikationsdienstes zugreifen kann[4].

Gefordert wird lediglich ein bestimmter Struktur-
aufbau der Datenbank (directory information
base):

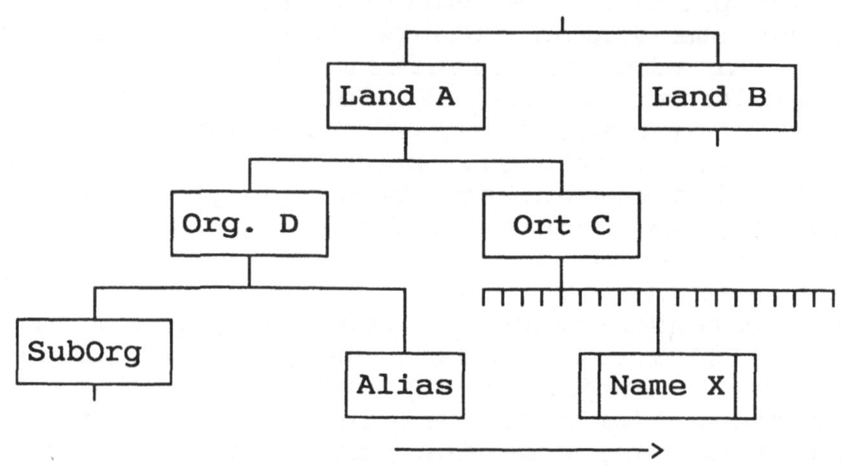

Verweis auf "distinguished name"

ABBILDUNG 8

Die Datenbank enthält Informationen über Objekte
und setzt sich aus Directory-Einträgen (entries)
zusammen. Jeder Eintrag besteht aus Attributen,
die die Art der gespeicherten Daten (Werte) festlegen. Die Einträge sind in einer Baumstruktur
angeordnet, wobei die weiter oben stehenden Einträge im allgemeinen übergreifende Objekte (z.B.
Länder, Organisationen) repräsentieren und die
unteren Einträge sich auf Personen oder Anwen-
dungsprogramme beziehen. Jeder Eintrag besitzt
einen eindeutigen Namen (distinguished name), der
ihn von allen anderen Einträgen unterscheidet.

---

[4]   Das Directory als Sammlung personenbezogener
        Daten ist natürlich selbst ein Problem für
        den Datenschutz. Vgl. hierzu z.B. Rihaczek,
        Karl: "Fernmelde-Directory und Distinguished
        Name: Neue Herausforderung für den
        Datenschutz?" in DuD 7/88, S. 336 ff.

Der eindeutige Name entsteht dabei, indem alle Namen der hierarchisch zusammenhängenden Objekte verknüpft werden (z.B. Land + Organisation + Abteilung + Personenname).

Wesentlich ist nun, daß es unter den "Blättern" des Baumes auch Einträge gibt, die nicht selbst ein reales Objekt (z.B. Person) beschreiben, sondern lediglich auf ein solches Objekt verweisen. Diese Einträge werden als "Alias" bezeichnet. Damit wird es möglich, unterschiedliche Suchpfade zu einem bestimmten Objekt aufzubauen (beispielsweise wenn eine Person in mehreren Organisationen gleichzeitig Funktionen ausübt). Das Objekt wird dabei nur an einer Stelle vollständig beschrieben, und ist im übrigen auf dem Umweg über die zugehörigen Alias auffindbar.

X.500 bezweckt damit nun gerade nicht die Anonymität sicherzustellen, sondern möchte im Gegenteil das Auffinden bestimmter Kommunikationsteilnehmer erleichtern. Doch wäre es möglich, den Standard dahingehend weiterzuentwickeln, daß die Alias-Namen zu echten Pseudonymen werden[5]. Der Aufbau des Directories, das bisher vorsieht, daß als Attribut des Alias-Eintrags im wesentlichen nur der "distinguished name" des zugehörigen Objektes steht, braucht hierzu nicht grundsätzlich geändert, sondern nur erweitert zu werden. Notwendig ist insbesondere, den Verweis auf den "distinguished name" des Objektes im Alias-Eintrag für normale Benutzer des Directory-Services zu sperren. Eine solche Sperrung wird vom derzeit definierten Standard zwar noch nicht vorgesehen, doch wird die Notwendigkeit derartiger Zugriffsbeschränkungen grundsätzlich anerkannt[6]. Um den Weg über den Alias-Namen nicht zur Sackgasse werden zu lassen, wird vom Anbieter des hier vorgeschlagenen Mehrwertdienstes die Umsetzung des

---

[5] vgl. hierzu RIHACZEK, a.a.O.

[6] Anhang F zu den Recommendations X.501, a.a.O Seite 46 ff., der jedoch nicht Teil des Standards ist.

Alias-Namen in die eigentliche Telekommunika-
tionsadresse (z.B. TEMEX-Nummer, electronic mail
Adresse) übernommen. Verwendet ein Benutzer einen
seiner Alias-Namen als Absenderadresse, kann in
beiden Richtungen ungestört kommuniziert werden,
ohne daß die Anonymität des Benutzers aufgehoben
wird.

Der hier beschriebene Weg eröffnet auch die Möglichkeit, im Einzelfall die Anonymität des Betroffenen wieder aufzuheben. Hierzu braucht der
Anbieter des Mehrwertdienstes lediglich den ihn
zugänglichen Objekt-Namen, auf den der Alias-Name
verweist, zu offenbaren. Diese Aufhebung der Anonymität, die z.B. bei Rechtsstreitigkeiten notwendig werden kann, kann gesetzlich an bestimmte
Voraussetzungen gebunden werden (z.B. Einwilligung des Betroffenen, richterlicher Beschluß).

Eine Aufhebung der Anonymität hat zur Folge, daß
alle Daten, die vorher unter Verwendung des entsprechenden Pseudonymes (Alias-Name) übermittelt
oder gespeichert wurden, nachträglich personenbezogen werden. Sofern es - wie bei der Verbrauchsdatenerfassung - darum geht, den einzelnen zuverlässig davor zu schützen, in seinem Privatbereich
überwacht und ausgespäht zu werden, ist es daher
notwendig, die Pseudonyme in bestimmten Zeitabständen zu wechseln. Dadurch bleibt die Wirkung
der Aufhebung der Anonymität begrenzt. Auch dies
müßte Aufgabe des entsprechenden Mehrwertdienstes
sein. Die Folgen einer Aufhebung der Anonymität
für den Betroffenen sind dabei um so geringer, je
häufiger die Pseudonyme gewechselt werden. Andererseits ist dies jedoch mit einem gewissen Aufwand verbunden und führt beispielsweise beim Versorgungsunternehmen dazu, daß zusammenhängende
Daten jeweils nur für kurze Zeiträume gewonnen
werden können. In der Praxis muß daher ein ange-
messener Kompromiß zwischen diesen gegenläufigen
Interessen gefunden werden.

8.3　Anwendung auf die Verbrauchsdatenerfassung

Ein Mehrwertdienst zur Gewährleistung der Anonymität, wie er oben beschrieben wurde, erweist sich für Zwecke der Verbrauchsdatenerfassung als geeignet und praktikabel. Die Geschäftsbeziehung zwischen den Kunden und dem Versorgungsunternehmen beinhaltet im einzelnen folgende Vorgänge:

- **Erstinstallation eines Anschlusses und Zählers.**
  Hier kann der Kunde natürlich nicht anonym bleiben, da ein Techniker des Unternehmens die Wohnung des Kunden betreten muß. Diese personenbezogene Information braucht jedoch nach erfolgtem Anschluß nicht weiter festgehalten zu werden, sofern in bestimmten Sonderfällen (technische Störung oder Abbau des Anschlusses) die Möglichkeit besteht, den Personenbezug wieder herzustellen. Auch wenn dem Versorgungsunternehmen das erste Pseudonym des Kunden bekannt werden sollte, wird und kann der Personenbezug bereits mit dem ersten Wechsel des Pseudonyms wieder verloren gehen.

- **Versorgungsleistung und Abrechnung.**
  Da beide Vorgänge weitgehend automatisiert ablaufen, reicht es völlig aus, wenn der Kunde dem Unternehmen nur unter einem Pseudonym bekannt ist. Auch der Zahlungsverkehr kann - wie unter 8.5 beschrieben - so abgewickelt werden, daß weder das Unternehmen erfährt, von wem das Geld kommt, noch die Bank darüber informiert wird, an wen und für welchen Zweck das Geld bezahlt wurde.

-   **Reklamationen und Mahnverfahren.**
    Hier kann es im Einzelfall erforderlich wer-
    den, die Anonymität des Kunden aufzuheben,
    um beispielsweise ein gerichtliches
    Mahnverfahren oder Vollstreckungsmaßnahmen
    einzuleiten. Gleiches kann auch für den
    Kunden gelten, wenn er Unrichtigkeiten in
    der Rechnung feststellt oder sich gegen eine
    ungerechtfertigte Sperrung seines
    Anschlusses zur Wehr setzen will. Die Zahl
    dieser Fälle kann aber stark reduziert
    werden, wenn auch in Zukunft Vorauszahlungen
    (auf elektronischem Wege) vereinbart und
    ausreichende Vorkehrungen zur Sicherstellung
    der Datenintegrität getroffen werden (vgl.
    8.4).

-   **Sperrung eines Anschlusses.**
    Wie für andere Steuerungsaufgaben, die über
    einen Fernwirkdienst abgewickelt werden, ist
    es ausreichend, daß die an die Pseudonym-Ad-
    resse gesendeten Daten den richtigen Empfän-
    ger erreichen. Gleiches gilt für alle Arten
    elektronischer Kommunikation (Beratung). Die
    richtige Adressumsetzung wird durch den An-
    bieter des Mehrwertdienstes garantiert.

-   **Störungsbehebung.**
    Dies gehört zu den wenigen Aufgaben, die im-
    mer eine Aufhebung der Anonymität erfordern.
    Durch den regelmäßigen Wechsel der Pseud-
    onyme wirkt sich dies jedoch nur temporär
    aus.

-   **Wechsel des Anschlußinhabers.**
    Schlußablesung und Endabrechnung können wie
    bei jeder anderen Abrechnung unter Pseudonym
    erfolgen. Der neue Anschlußinhaber beantragt
    beim Anbieter des Mehrwertdienstes ein eige-
    nes Pseudonym, das dem Versorgungsunterneh-
    men mitgeteilt wird. Anders als bei der
    Erstinstallation, die durch einen Techniker
    durchgeführt wurde, bleibt der neue Kunde
    hier von Anfang an anonym.

Ein Directory-Aufbau für eine solche Anwendung
könnte etwa wie folgt aussehen:

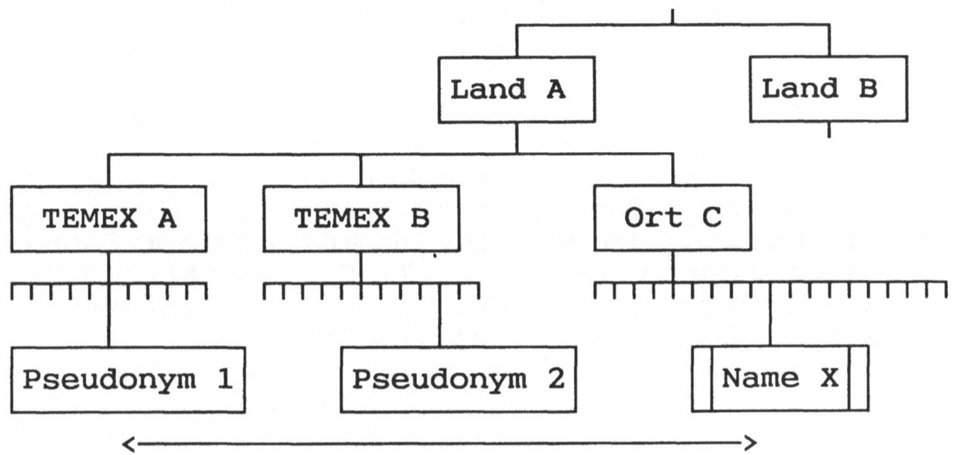

ABBILDUNG 9

Die Directory Einträge der Alias Namen können
dabei auch die in Kapitel 6 erwähnten statistischen Daten enthalten[7]. Auch eine weitere
Untergliederung ist möglich, um beispielsweise
Teilbereiche des Versorgungsnetzes identifizieren
zu können. Bei einem Wechsel der Pseudonyme
werden vom Anbieter des Mehrwertdienstes sämtliche Alias eines Bereichs gleichzeitig ersetzt.
Wird gleichzeitig der Zähler beim Kunden (nach
vorheriger Ablesung) auf Null zurückgesetzt, ist
ein hohes Maß an Anonymität gewährleistet.

---

[7]   Voraussetzung ist, daß der Standard zusätz-
      liche Attribute auch bei Alias-Einträgen zu-
      läßt und damit vom Prinzip abgeht, die ge-
      samte personenbezogene Information unter dem
      "distinguished name" zu speichern.

8.4   Integrität und Vertraulichkeit der Datenübertragung

Die CCITT-Empfehlung X.509 beschreibt eine Reihe von Elementen, um die Datenintegrität und die Vertraulichkeit der Kommunikation auch in einer offenen Systemumgebung sicherzustellen. Grundlage ist ebenso wie in Kapitel 6 ein asymmetrisches Verschlüsselungsverfahren. X.509 enthält dabei keine Festlegung auf ein bestimmtes derartiges Verfahren, doch ist zu hoffen, daß auch diesbezüglich eine Standardisierung erfolgt. Die folgenden Überlegungen gehen von einem asymmetrischen Verfahren aus, das zudem kommutativ ist (d.h. die Ver- und Entschlüsselungsoperationen können beliebig vertauscht werden)[8].

X.509 erlaubt die Einführung eines Attributes, das den öffentlichen Schlüssel (public key) eines Benutzers enthält. Dieses "User Certificate"[9] wird von einer vertrauenswürdigen Zertifizierungs-Instanz (certification authority), die auch die öffentlichen und privaten Schlüssel der Benutzer generiert, bereitgestellt und elek-

---

[8]   Ein Beispiel hierfür wäre der RSA-Algorithmus (vgl. Kapitel 6), der im Bankbereich bereits zum Quasi-Standard wurd.

[9]   Im einzelnen enthält das "User Certificate" gemäß X.509 folgende Angaben:
-        Version und Seriennummer
-        Algorithmus-Kennzeichen
-        Name der Zertifizierungs-Instanz
-        Gültigkeitszeitraum (d.h. Datum des Beginns und des Endes der Gültigkeit des Zertifikats)
-        Name des Inhabers des Zertifikats
-        öffentlicher Schlüssel des Inhabers

tronisch "unterschrieben" (d.h. mit dem geheimen Schlüssel der Zertifizierungsinstanz verschlüsselt).

Die Echtheit und Fälschungssicherheit des Zertifikats wird durch die "Unterschrift" der Zertifizierungsinstanz gewährleistet. X.509 sieht auch hier die Möglichkeit hierarchischer Strukturen vor, wobei die jeweils höhere Instanz die Richtigkeit und Gültigkeit der nächsten nachgeordneten Instanz bestätigt. Zur Prüfung eines "User Certificates" ist es dann notwendig, die Kette von Zertifizierungs-Instanzen bis zu einer gemeinsamen Wurzel zu durchlaufen, die für beide Kommunikationspartner vertrauenswürdig ist.

"User Certificates" sind derzeit nur für Objekt-Einträge im Directory vorgesehen. Im vorliegenden Zusammenhang wird es notwendig, diese Option auch für Alias-Einträge einzuführen. Ein Objekt (z.B. eine Person) kann damit mehrere öffentliche Schlüssel besitzen und benötigt daher auch die entsprechende Zahl geheimer Schlüssel. Dies vergrößert zwar den Aufwand, den die Zertifizierungsinstanz erbringen muß, ist jedoch Voraussetzung dafür, daß Informationen aus verschiedenen Kommunikationsbeziehungen nicht miteinander verknüpft werden können. Notwendig ist ferner, bei jedem Wechsel der Pseudonyme, dem Alias Namen auch einen neuen Schlüssel zuzuteilen. Denn anderenfalls könnte der öffentliche Schlüssel des Benutzers dazu dienen, die Daten, die mit verschiedenen Alias Namen ausgetauscht wurden, wieder zusammenzuführen. Alle diese Vorgänge können jedoch vollständig automatisiert ablaufen.

Auf der Grundlage der "User Certificates" werden in X.509 außerdem verschiedene Protokolle definiert, mit denen eine zuverlässige Authentifizierung der Kommunikationspartner erreicht wird. Die Zertifikate können jedoch in beliebigen Anwendungen dazu genutzt werden, um

-   den Inhalt der übertragenen Daten gegen den
    Zugriff Dritter zu schützen (Vertraulich-
    keit), indem die Nachricht mit dem öffent-
    lichen Schlüssel des Empfängers verschlüs-
    selt wird,

-   elektronische Unterschriften zu realisieren,
    indem die Nachricht mit dem geheimen
    Schlüssel des Absenders unterschrieben wird,

-   die Integrität der übertragenen Daten zu ge-
    währleisten, indem der komprimierte Inhalt
    der Nachricht elektronisch unterschrieben
    und zusammen mit der Nachricht gesendet
    wird,

-   das Nachmachen (replay) bestimmter Nach-
    richten, die häufig wiederkehren (z.B. Steu-
    erungsbefehle), durch Dritte zu verhindern,
    indem die Nachricht mit einer Zufallszahl,
    einer Zeitmarke oder einem Transaktionscode
    versehen und anschließend verschlüsselt
    wird.

Damit stehen alle Elemente zur Verfügung, die für
eine sichere und vertrauliche Fernmeß- und Fern-
wirkverbindung benötigt werden. Da das Directory
in einer offenen Systemumgebung zum Einsatz
kommt, können beliebig viele Kommunikationspartner in die auf dieser Grundlage aufgebauten Protokolle einbezogen werden. Dies gilt beispielsweise für die Kommunikation mit den Banken, die
im folgenden näher untersucht werden soll.

8.5 Einbeziehung eines anonymen Zahlungsverkehrs

Dieser Abschnitt beschreibt ein Modell, das von CHAUM[10] entwickelt wurde. Vorbild ist der heutige Umgang mit Banknoten und Münzen. Diese Zahlungsmittel ermöglichen eine anonyme Abwicklung des Zahlungsverkehrs in dem Sinne, daß der Geldfluß im allgemeinen nicht zurückverfolgt und festgehalten werden kann. Der Barzahlungsverkehr unterscheidet sich damit wesentlich von anderen Formen des Zahlungsverkehrs (Überweisung, Schecks, Kreditkarten etc.).

Basis des Modells ist wieder ein asymmetrisches Verschlüsselungsverfahren, mit dessen Hilfe elektronische "Banknoten" erzeugt werden. Der Ablauf sieht im wesentlichen wie folgt aus:

1. Die Bank bietet ihren Kunden (über den oben beschriebenen Directory-Service) eine Liste von öffentlichen Schlüsseln an, von denen jeder für einen bestimmten Geldbetrag steht (z.B. Schlüssel für 100 DM).

2. Der Kunde fordert nun von der Bank eine elektronische "Banknote" im Wert von beispielsweise 100 DM an. Die Nachricht an die Bank enthält dabei eine speziell aufgebaute Nummer, die den späteren Empfängern der "Banknote" die Prüfung der Echtheit und Gültigkeit ermöglichen wird. Diese Nummer ist beispielsweise eine vom Rechner des Kunden erzeugte große Zufallszahl, die wiederholt wird (z.B. 4711|4711). Diese Nummer wird der Bank jedoch nicht im Klartext, sondern in verdeckter Form übermittelt, indem sie mit

---

[10] David Chaum, a.a.O.

einer weiteren Zufallszahl R multipliziert wird. Die Bank ist dadurch nicht in der Lage, die Nummer der "Banknote" zu speichern und dadurch später festzustellen, wem sie eine zur Einlösung vorgelegte "Banknote" gegeben hat. Das Produkt aus "Banknotennummer" und Zufallszahl R wird mit dem öffentlichen Schlüssel der Bank verschlüsselt, der dem gewünschten Wert entspricht.

3. Die Bank bucht vom Konto des Kunden den gewünschten Betrag ab und unterschreibt die ihr verdeckt übermittelte Zahl mit dem geheimen Schlüssel, der dem Wert der "Banknote" entspricht. Der Kunde kann nun die nur ihm bekannte Zufallszahl durch Division wieder entfernen, da vorausgesetzt wurde, daß das Verschlüsselungsverfahren kommutativ ist. Er ist nun im Besitz der mit dem geheimen Schlüssel der Bank unterschriebenen Nummer der "Banknote", die bereits die eigentliche "Banknote" darstellt.

4. Der Kunde kann diese "Banknote" nun an beliebige Zahlungsempfänger weitergeben. Der Empfänger ist in der Lage, die Echtheit der "Banknote" anhand der speziell aufgebauten Nummer (z.B. Wiederholung einer großen Zahl) zu prüfen, indem er die Banknote mit dem öffentlichen Schlüssel der Bank, der dem Wert der Banknote entspricht, entschlüsselt.

5. Der Zahlungsempfänger leitet zu einem beliebigen Zeitpunkt die erhaltene "Banknote" an die Bank weiter und erhält den entsprechenden Betrag gutgeschrieben. Wie oben ausgeführt, ist die Bank nicht in der Lage, die Herkunft der Banknote zu bestimmen, sie ist jedoch aufgrund der Verwendung des nur ihr bekannten geheimen Schlüssels sicher, daß die "Banknote" echt ist.

6.　Da jede Nachricht beliebig kopiert werden kann, könnte allerdings sowohl der Kunde als auch der Zahlungsempfänger Duplikate der "Banknote" anfertigen und zur Einlösung vorlegen. Um dies zu verhindern, muß die Bank eine Liste der eingelösten "Banknoten" führen. Indem die "Banknote" zusätzlich mit einem Gültigkeitsdatum versehen wird, läßt sich diese Liste klein halten. Jeder Versuch, eine "Banknote" mehrmals einzulösen, kann von der Bank anhand der genannten Liste zurückgewiesen werden.

7.　Der Zahlungsempfänger (im hier betrachteten Modell: das Versorgungsunternehmen) braucht den Absender der Zahlung zumindest dann nicht zu kennen, wenn eine Leistung nur gegen Vorauszahlung erbracht wird, d.h. die "Banknote" von der Bank bereits eingelöst wurde. Alternativ könnte natürlich auch das Pseudonym des Absenders der "Banknote" temporär gespeichert werden, und im Betrugsfall die Hilfe des in Abschnitt 8.2 beschriebenen Mehrwertdienstes in Anspruch genommen werden.

Für weitere technische Einzelheiten des Modells eines anonymen Zahlungsverkehrs wird auf den lesenswerten Artikel von CHAUM[11] verwiesen.

Ein zukünftiger Fernmeß- und Fernwirkdienst könnte alle in diesem Kapitel genannten Komponenten miteinander verbinden. Dem Directory-Service, in den auch die notwendigen statistischen Angaben über die Kunden der Versorgungsunternehmen aufgenommen werden können, kommt dabei zentrale Bedeutung zu. Denn alle Kommunikationspartner bedienen sich dieses Services, um auf die öffentlichen Schlüssel der anderen Teilnehmer zuzugreifen.

---

[11]　David Chaum, a.a.O.

Der Anbieter eines Mehrwertdienstes zur Gewährleistung der Anonymität wird dabei in vielen verschiedenen Geschäftsbeziehungen tätig werden können.

Die Anonymität, von der in diesem Buch viel die
Rede war, hat nicht das Ziel, die Beziehungen der
Bürger unpersönlicher zu gestalten. Sie ist vielmehr Reaktion auf die sich ändernde Art der Geschäftsbeziehungen, die zunehmend automatisiert
und dadurch unpersönlich werden. Gerade weil der
einzelne nicht zum bloßen Objekt werden darf, ist
es wichtig, ihn durch Anonymität vor unnötiger
Beobachtung und Überwachung zu schützen. Jedem
steht es dabei frei, den Schutz der Anonymität zu
verlassen und seine persönlichen und sachlichen
Verhältnisse anderen gegenüber offen zu legen.
Dies muß jedoch seine eigene freie Entscheidung
sein.

Glossar

Alias
Eintrag in einem *Directory*, der auf den "*distinguished name*" eines Objektes (z.B. eine Person) verweist. Dadurch wird es möglich, daß die Information zu einer Person auf verschiedenen Suchpfaden gefunden werden kann.

Anonymisierung
Veränderung von personenbezogenen Daten durch die der Personenbezug verlorengeht (z.B. Weglassen von Namen und Adressen). Man spricht von absoluter Anonymisierung, wenn die Daten unter keinen Umständen wieder der Person zugeordnet werden können, von der sie stammen. Eine relative Anonymisierung liegt dann vor, wenn der Personenbezug unter bestimmten Umständen wieder hergestellt werden kann.

asymmetrische Verschlüsselung
Verschlüsselungsverfahren, bei dem zur Ver- und Entschlüsselung jeweils verschiedene Schlüssel verwendet werden. Wichtig ist, daß die Schlüssel nicht auseinander abgeleitet werden können, da hierzu ein mathematisch schwieriges Problem (z.B. Faktorisierung einer Primzahl) gelöst werden müßte, das die Leistungsfähigkeit heutiger Rechner übersteigt. Umgekehrt muß es vergleichsweise einfach sein, ein Paar zusammengehöriger Schlüssel zu erzeugen. Ein Beispiel hierfür ist das *RSA-Verfahren*.

Chip-Karte
Rechner im Scheckkarten-Format, der einen eigenen
Mikroprozessor und Speicher enthält. In diesem
Speicher können geheimzuhaltende persönliche Informationen gespeichert werden (z.B. secret key),
die vom Prozessor für bestimmte Verarbeitungen
verwendet werden. Diese müssen daher nicht mehr
anderen Stellen mitgeteilt werden. Chip-Karten
werden zukünftig im bargeldlosen Zahlungsverkehr
Verwendung finden. Die Kosten einer Karte liegen
heute bei wenigen Mark.

Datenfernübertragung
Oberbegriff für alle Verfahren, mit denen Daten
an andere Stellen übertragen werden können. Die
Übertragung kann dabei über unterschiedliche
Medien erfolgen (z.B. Telefonleitung, Glasfaser-
kabel, Richtfunk, Satellitenverbindungen). Voraussetzung ist die Vereinbarung eines *Protokolls.*
Die Normung und Standardisierung dieser Protokolle ist Aufgabe von ISO und CCITT, die hierbei
eng zusammenarbeiten. Die ISO hat ein Schichten-
modell definiert, das ein offenes System ermöglicht, in dem unterschiedliche Rechner miteinander kommunizieren können (OSI-Modell).

Datenformat
Teil des *Protokolls* einer *Datenfernübertragung,*
das die Länge der zu übertragenden Meldungen und
die Bedeutung der einzelnen Bits festlegt.

Datenrate
Die Menge an Daten, die pro Zeiteinheit übertra-
gen werden können. Die Datenrate wird meist in
Bits/Sekunde angegeben. Telefonleitungen erlauben
Datenraten in der Größenordnung von 10 kbit/s.
ISDN wird die dem Nutzer zur Verfügung stehende
Datenrate auf 64 kbit/s erhöhen. In lokalen Net-
zen, die sich über kleine Entfernungen erstrekken
und nicht von der Post betrieben werden, sind
Datenraten von etwa 10 Mbit/s üblich.

Datenreduktion
Verfahren, mit denen große Datenmengen so
reduziert werden, daß sie aus einer geringeren
Zahl von Angaben wieder rekonstruiert werden können. Häufig genügt es bereits, die vielfach vorhandene Redundanz in den Daten zu beseitigen. Zum
Einsatz kommen aber auch mathematische Verfahren
(z.B. Fourieranalyse), die auch bei starker Redu-
zierung noch gute Näherungslösungen bei der Re-
konstruktion erlauben.

DES-Verfahren
Symmetrisches Verschlüsselungsverfahren. Es werden jeweils 64 bit verarbeitet, die miteinander
vertauscht und durch andere Bitfolgen in nicht-
linearer Weise substituiert werden. Die Substitu-
tionen werden durch einen 56-bit langen Schlüssel
gesteuert. Der DES ist das am weitesten verbreitete Verschlüsselungsverfahren, das bisher allen
Versuchen widerstanden hat, das Verfahren zu
brechen. Kritisiert wird die vergleichsweise
kleine Größe des Schlüssels, die bei zunehmender
Leistungsfähigkeit der Rechner ein Brechen des
Codes erlauben könnte, indem alle Möglichkeiten
durchprobiert werden. Dennoch gilt der DES zumindest heute noch als sicher. Das Verfahren ist
recht schnell, weshalb auch *Datenraten* erreicht
werden können, wie sie für lokale Netze typisch
sind.

Directory
Verzeichnis der Teilnehmer eines (oder mehrerer)
Kommunikationsdienste, in das alle für die Kommunikation relevanten Informationen aufgenommen
werden. Die CCITT-Empfehlungen der Serie X.500
sehen ein weltumspannendes Directory vor, das
hierarchisch aufgebaut und technisch als ver-
teiltes System betrieben wird.

Distinguished Name

Eindeutige Bezeichnung jedes Eintrages in einem
Directory. Der distinguished name enthält alle
Namen der übergeordneten Einträge des Directories, so daß die Eindeutigkeit nur jeweils auf
einer Hierarchie-Ebene sichergestellt werden muß.
Dies muß durch den für die Hierarchie-Ebene zuständigen Administrator überwacht werden. D.h.
auf einer Hierarchie-Ebene dürfen keine zwei
gleichen Einträge vorhanden sein. Der distinguished name stellt damit ein "Personenkennzei-
chen" bzw. Objektkennzeichen dar, dessen Zulässigkeit politisch umstritten ist.

Endeinrichtungen

Alle Geräte, die an einen Netzabschluß der Post
angeschlossen werden können. Hierzu gehören z.B.
Fernsprechapparate, Telefax-Geräte, TEMEX-Sen-
soren etc. Grundsätzlich können hier beliebige
Geräte angeschlossen werden, sofern die Schnitt-
stellenspezifikationen der Post eingehalten
werden (Postzulassung).

Fernwirk-Telegramm

Die *Datenübertragung* bei heutigen Fernwirkdiensten erfolgt nicht kontinuierlich sondern in Form
von Datenpaketen bestimmter Länge. Ein solches
Datenpaket kann mit einem Telegramm verglichen
werden.

feste virtuelle Verbindung

Datenübertragung, die aus Sicht der Teilnehmer so
aussieht wie eine festgeschaltete Verbindung. In
Wirklichkeit werden jedoch nur bei Bedarf Daten-
pakete übertragen, die zudem unterschiedliche
Wege nehmen können. Die gesamte Steuerung der
Datenübertragung liegt bei den Vermittlungsstel-
len der Post, so daß die Teilnehmer die Verbindung nicht jedesmal auf- und abbauen müssen.

Integrität
Richtigkeit und Unverfälschtheit der übertragenen
Daten. Gegen zufällige Fehler bei der Datenübertragung wird im allgemeinen zusätzliche Redundanz
eingebaut (Prüfziffern etc.). Gegen eine absicht-
liche Verfälschung wirken geeignete Verschlüsselungsverfahren.

Knotenrechner
Rechner im Bereich der Bundespost, der die Über-
mittlung der Daten durchführt und teilweise wei-
tere Verarbeitungsaufgaben übernehmen kann. Die
Post bezeichnet diese Rechner bei TEMEX als
TEMEX-Hauptzentralen.

Kryptographie
Umwandlung von Daten (z.B. eines Textes) in eine
andere Form von Daten, so daß der ursprüngliche
Text (Klartext) für alle unverständlich ist, die
die Art der Umwandlung nicht kennen. Das Verfahren wird dabei durch einen Schlüssel (key) gesteuert, der die Art der Umwandlung der Daten in
den Schlüsseltext (ciphertext) bestimmt.

Leitstelle
Endeinrichtung beim TEMEX-Dienstanbieter, von der
aus die Fernsteuerung und Fernmessung durchgeführt wird. Im allgemeinen handelt es sich dabei
um Rechner.

Modem
Gerät zur Umwandlung (Modulation) digitaler Daten
in analoge Stromsignale, die beispielsweise über
eine Telefonleitung übertragen werden können.

Protokoll
Alle Vereinbarungen, die hinsichtlich einer *Datenübertragung* getroffen werden. Dazu gehört die
Festlegung der Art, Bedeutung und Reihenfolge der
auszutauschenden Nachrichten, der *Datenformate*
und sonstiger Bedingungen. Erst auf der Grundlage
eines solchen Protokolls werden die Daten inter-
pretierbar.

public key
Da bei einer *asymmetrischen Verschlüsselung* zwei
verschiedene Schlüssel verwendet werden, die
nicht auseinander ableitbar sind, kann einer der
Schlüssel veröffentlicht werden. Dies geschieht
beispielsweise in einem Directory. Damit kann
jeder dem Inhaber des zugehörigen anderen
Schlüssels (*secret key*) eine Nachricht senden,
die mit dem public key des Empfängers verschlüsselt ist. Niemand außer dem Inhaber des secret
key kann die Nachricht lesen. Verwendet umgekehrt
der Absender einer Nachricht seinen secret key
zur Verschlüsselung, kann sich jeder mit Hilfe
des zugehörigen public key davon überzeugen, daß
die Nachricht tatsächlich vom richtigen Absender
kommt. Der Inhalt der Nachricht ist in diesem
Fall jedoch für alle lesbar. Werden beide Verfahren miteinander kombiniert (d.h. der Absender
einer Nachricht verschlüsselt diese mit seinem
eigenen secret key und mit dem public key des
Empfängers), ist sowohl die Vertraulichkeit als
auch die Authentizität von Absender und Empfänger
sichergestellt. Voraussetzung ist allerdings, daß
die Richtigkeit des public key garantiert wird
(*Zertifikat*).

RSA-Verfahren
Asymmetrisches Verschlüsselungsverfahren für das
die mathematische Schwierigkeit der Faktorisierung sehr großer Zahlen die Grundlage bildet. Der
Schlüssel k dient dabei als Exponent für den
Klartext modulo m, wobei m eine sehr große, geeignet gewählte Zahl ist. Die Umkehrung ist nur
mit dem Schlüssel k^* möglich. Die große Zahl m
wird nun bei der Schlüsselgenerierung so aufgebaut, daß sie das Produkt aus zwei (ebenfalls
großen) Primzahlen ist. Unter dieser Voraussetzung läßt sich k^* leicht aus k berechnen. Ohne
Kenntnis der Zusammensetzung von m, die natürlich
geheim gehalten werden muß, ist dies jedoch nicht
möglich. Die Operation mit den sehr großen Zahlen
(z.B. 512-bit Länge) ist rechenintensiv, weshalb
nur mäßige Datenraten zu erzielen sind.

secret key
Einer der beiden Schlüssel eines *asymmetrischen Verschlüsselungsverfahrens*. siehe *public key*.

symmetrische Verschlüsselung
Verschlüsselungsverfahren, bei dem zur Verschlüsselung und zur Entschlüsselung der gleiche Schlüssel verwendet wird. Dieser muß daher bei beiden Kommunikationspartnern vorliegen und geheim gehalten werden. Dadurch entsteht das Problem des Schlüsselaustausches, da sich beide Seiten vor einer Übertragung auf einen gemeinsam zu benutzenden Schlüssel einigen müssen. Dies ist beonders in einem offenen System schwierig, da sich die Kommunikationsteilnehmer hier nicht von vorneherein kennen. Eine Lösung kann darin bestehen, daß zum Schlüsselaustausch ein *asymmetrisches Verfahren* verwendet wird. Die eigentliche Datenübertragung kann dann anschließend mit dem schnelleren symmetrischen Verfahren erfolgen.

TSS 14
TEMEX-Schnittstelle, bei der die *Fernwirk-Telegramme* eine Länge von 48 Byte haben. Es sind fünf Übertragungen pro Monat zulässig. Die Übertragungen, die in beide Richtungen möglich sind, dürfen dabei nicht zeitkritisch sein. Die Kosten sind mit etwa 3 DM pro Monat sehr niedrig.

TSS 15
TEMEX-Schnittstelle, die eine größere Zahl von *Fernwirk-Telegrammen* pro Monat zuläßt (TSS 15a: 200 zeitkritische Telegramme der Länge 8 bit und 40 zeitunkritische Telegramme der Länge 48 Byte; TSS 15b: 200 zeitkritische oder zeitunkritische Telegramme). Die Kosten betragen 12 - 18 DM pro Monat.

Unterschrift, elektronische
Wird bei einem *asymmetrischen Verschlüsselungs-verfahren* ein Text mit dem *secret key* des Absenders verschlüsselt, kann der Empfänger anhand des zugehörigen public key, der beispielsweise einem *Directory* entnommen wird, die Echtheit des Dokuments prüfen. Häufig wird nicht der eigentliche Text, sondern eine (durch eine Hash-Funktion) komprimierte Fassung des Textes auf diese Weise unterschrieben, was die notwendige Rechenzeit beträchtlich verringert.

Vertraulichkeit
Schutz einer Nachrichten bei der Übertragung vor Kenntnisnahme durch Unbefugte. Dieser Schutz sollte auch gegenüber den Stellen bestehen, die an der Weiterleitung der Nachricht selbst beteiligt sind (z.B. Post). Vertraulichkeit läßt sich mit vertretbarem Aufwand nur durch Verschlüsselung erreichen.

Zertifikat
Der *public key* eines Kommunikationsteilnehmers spielt bei allen Authentifizierungsverfahren (z.B. durch *elektronische Unterschrift)* die entscheidende Rolle, um die Gewähr dafür zu haben, daß die Verbindung mit dem richtigen Partner hergestellt wurde oder daß die elektronisch unterschriebenen Dokumente tatsächlich echt sind. Daher muß der public key eines Benutzers fälschungssicher sein. Dies kann dadurch erreicht werden, daß ein vertrauenswürdiger Dritter mit seiner (elektronischen) Unterschrift die Echtheit des public key garantiert. Dies erfolgt durch ein vom vertrauenswürdigen Dritten, der in vielen Fällen auch die Generierung und Verwaltung der Schlüssel übernehmen wird, unterschriebenes Zertifikat. Bei größeren Kommunikationsnetzen wird auch die Zertifizierung hierarchisch organisiert werden, indem die jeweils "höhere" Stelle die Echtheit der nachgeordneten Stellen (elektronisch) beglaubigt.

AGB-Gesetz	Gesetz zur Regelung des Rechts der Allgemeinen Geschäftsbedingungen
BDSG	Bundesdatenschutzgesetz
BGB	Bürgerliches Gesetzbuch
BGBl	Bundesgesetzblatt
BGH	Bundesgerichtshof
BGHZ	Entscheidungen des Bundesgerichtshofs in Zivilsachen
BImSchG	Bundesimmissionsschutzgesetz
BTDruckS	Drucksachen des Deutschen Bundestages
BVerfG	Bundesverfassungsgericht
BVerfGE	Entscheidungen des BVerfG
CCITT	The International Telegraph and Telphone Consultative Committee
DES	Data Encryption Standard
DIN	Deutsches Institut für Normung
DuD	Datenschutz und Datensicherung
EDV	Elektronische Datenverarbeitung
FernmG	Fernmeldegesetz
G10-Gesetz	Gesetz zur Beschränkung des Post- und Fernmeldegeheimnisses
GG	Grundgesetz
GVBl	Gesetz- und Verordnungsblatt
ISDN	Integrated Services Digital Network
KPPG	Kabelpilotprojektgesetz Berlin
MEG	Medienerprobungs- und -entwicklungsgesetz, Bayern
NJW	Neue Juristische Wochenschrift
OVG	Oberverwaltungsgericht
RSA	Verschlüsselungsverfahren von Rivest, Shamir und Adleman
StGB	Strafgesetzbuch
StPO	Strafprozeßordnung
StVZO	Straßenverkehrszulassungsordnung
TKO	Telekommunikationsordnung
TSS	TEMEX-Schnittstelle
TÜV	Technischer Überwachungs Verein
VDE	Verband Deutscher Elektrotechniker
VDI	Verein Deutscher Ingenieure
ZfR	Zeitschrift für Rechtspolitik

Sachwortverzeichnis

Sicherheit in netzgestützten Informationssystemen

Proceedings des BIFOA-Kongresses SECUNET '90
herausgegeben von Heiko Lippold und Paul Schmitz

1990. XXVIII, 505 Seiten. Gebunden.
ISBN 3-528-05105-1

Mit der Integration, Dezentralisierung und Vernetzung von Systemen und der damit einhergehenden Vielfalt von Kommunikationsverbindungen und Zugriffsmöglichkeiten auf Informationsbestände nehmen die möglichen Gefährdungen sensitiver Informationen zu. Die Gewährleistung der technischen Verfügbarkeit und Funktionsfähigkeit von Informationssystemen, die Nachweisbarkeit von Kommunikationsvorgängen sowie die Sicherstellung und Kontrolle von Befugnissen sind Aufgaben von grundlegender Bedeutung für Unternehmen und Behörden zur Erreichung von Informationssicherheit.

Ziel des Kongresses ist die umfassende Diskussion der Sicherheitsprobleme und -lösungen in netzgestützten Informationssystemen unter organisatorischen, technischen, personellen, wirtschaftlichen und rechtlichen Gesichtspunkten. Zu derartigen Systemen werden Verbundsysteme unter Einbeziehung von Groß-, Abteilungs- und Arbeitsplatzrechnern (sowie auch anderen Endgeräten), von Nebenstellenanlagen und Local Area Networks sowie von öffentlichen Netzen und Diensten (einschließlich des grenzüberschreitenden Datenverkehrs) gerechnet. Besonderes Gewicht wird in den 31 Experten-Vorträgen auf Konzepte und Lösungen, Erfahrungen und Entwicklungstendenzen gelegt.

Dr. *Heiko Lippold* ist Geschäftsführer des BIFOA (Betriebswirtschaftl. Institut für Organisation und Automation) an der Universität Köln. · Dr. *Paul Schmitz* ist Professor für Informatik an der Universität Köln und Geschäftsführender Direktor des BIFOA, Köln.

Verlag Vieweg · Postfach 58 29 · D-6200 Wiesbaden

Datenschutz und Wissenschaftsfreiheit

von Hans Albert Lennartz

1989. VIII, 132 Seiten. (DuD-Fachbeiträge, Band 10; hrsg. von Karl Rihaczek, Paul Schmitz und Herbert Meister) Kartoniert.
ISBN 3-528-03607-9

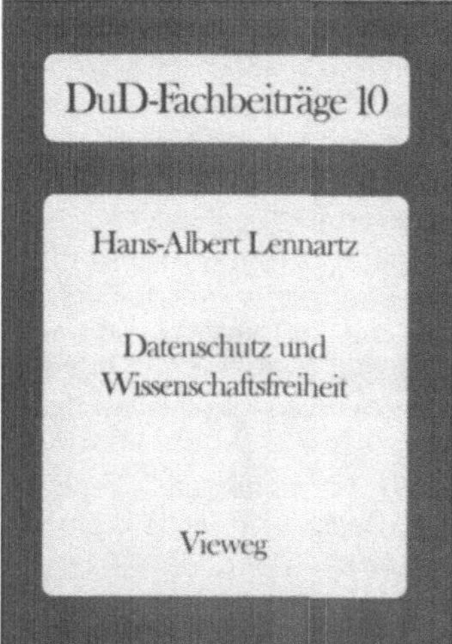

Die empirische Forschung in nahezu allen wissenschaftlichen Disziplinen ist auf den Zugang zu bestimmten Daten angewiesen, um aussagefähige Forschungsergebnisse erzielen zu können. Medizin und Psychologie benötigen Patientendaten; Verhaltens- und Gesellschaftswissenschaften, zeitgeschichtliche Forschung usw. sind auf Daten angewiesen, um wissenschaftliche Kontroversen klären zu können. Mit der zunehmenden Verankerung des Datenschutzes in den einschlägigen Datenschutzgesetzen sowie in diversen Spezialgesetzen, die Datenzugangsfragen regeln, häufen sich seit einigen Jahren die Probleme bei der Datenverarbeitung zu wissenschaftlichen Zwecken.

Die vorliegende Arbeit behandelt, ausgehend von der verfassungsrechtlichen Vorgabe der Artikel 5 Abs. 3 einerseits, Artikel 2 Abs. 1 in Verbindung mit 1 Grundgesetz andererseits, die spezifischen Probleme der Datenverarbeitung für wissenschaftliche Zwecke.

Das Buch überprüft die Rechtslage, insbesondere die geltenden Datenschutzgesetze, bereichsspezifische Datenschutzregelungen sowie Gesetzgebungsvorhaben auf ihre Vereinbarkeit mit den Vorgaben des Grundgesetzes. In einem weiteren Schwerpunkt behandelt das Buch die Methoden der Datenverarbeitung im Forschungskontext sowie Anonymisierungsverfahren insbesondere empirischer Forschungsdisziplinen unter dem Gesichtspunkt der Auflösung des Interessengegensatzes von Persönlichkeitsschutz einerseits, Wissenschaftsfreiheit andererseits.

Dr. *Hans-Albert Lennartz* ist tätig am Fachbereich Angewandte Sozialwissenschaften, Rechtswissenschaft der Gesamthochschule Kassel.

Verlag Vieweg · Postfach 58 29 · D-6200 Wiesbaden